THE MYTH OF WHITE HOME APPLIANCES

白物家電の神話

モダンライフの表象文化論

原克

KATSUMI HARA

青土社

白物家電の神話　目次

白物家電の神話　モダンライフの表象文化論

はじめに

モダンライフは二〇世紀最大の神話である。そして、白物家電は、モダンライフ神話を成立させた強力なイデオロギー装置である。

白物家電がイデオロギー装置であることをあばかないかぎり、仮に、原子力エネルギーを自然再生エネルギーや他のエネルギー源に転換したところで、同じあやまちを犯すことになる。なぜなら、モダンライフという神話そのものは生き残るからだ。

わたしたちの暮らしには電気が欠かせない。好むと好まざるとにかかわらず、それが現実だ。清潔で、効率的で、快適なモダンライフ。そんなわたしたちの暮らしは、現在、その多くを白い家電品に頼っている。電気冷蔵庫、電気掃除機、クーラー、電気洗濯機などなど。どれひとつとっても、それがない暮らしなど、もはや考えられないかのようだ。そして、そんな暮らしを、わたしたちはあたりまえのものと考えるようになっている。家電品によって支えられる暮らし、それは、わたしたちの「第二の自然」となってしまっているのである。

わたしたちの暮らしを、ひとつの世界であるとするならば、それは内部世界にすぎないといえる。この世界は自分ひとり、孤絶して存在しているわけではなく、もうひとつ別の世界を必要とするからだ。

もうひとつ別の世界とはなにか。それは、電気エネルギーを供給してくれる世界。発電システムである。暮らしそのものをなりたたせるためには、発電システムという、もうひとつ別の外部世界が欠かせないからだ。つまり、わたしたちの暮らしという内部世界は、その外側にある発電システムという外部世界によって、はじめてなりたっているのである。

これは自明のことのように思われる。しかし、およそ電気がひとびとの前にあらわれた黎明期、すなわち一九世紀末以降、二〇世紀大衆はついぞ顧みたことはなかった。暮らしという内部世界が、発電システムという外部世界によって、はじめて電気の恩恵をうけることができるという構図を、日々の実感として心したことなどなかったのである。なぜなら、家電品にかこまれたモダンライフの便利さ、快適さに心奪われるあまり、暮らしの外部に心の目が及ばなかったからだ。それほど家電品の利便性は大きく、その魅力は圧倒的だった。

今回、東日本大震災と福島原子力発電所事故を契機に、ひとびとは便利な暮らしが、発電システムという外部世界と、いかに深く結びついているかということに、あらためて目を開かされた。そして、程度の差こそあれ、ひとびとは自戒の念をもって、暮らしという内部世界を、電力供給という外部世界の文脈で考えるようになっている。そんななかから、原子力エネルギーの危険性についても、大きな関心が寄せられるようになってきている。それは当然のことである。

日本にかぎらず、世界が選ぶべき道が脱原発であることは言うをまたない。およばずながら筆者も、これまで折にふれ書いてきたところではあるが、哲学的、思想的ばかりではなく、おそらく経済的あるいは政治的にすら、脱原発しか選ぶべき合理的な道はない。

だからこそ、あらためて問い直してみなくてはならないだろう。はたして、電力供給源を原子力エネルギーから「転換」するだけでよいのだろうか。わたしたち自身の問題である暮らしそのものを、もういちどその根本にさかのぼって顧みなくてよいのだろうか。暮らしという内部世界の便利はそのままに、外部世界の転換だけで、はたして問題は解決するのだろうか。こうした問いかけをしなくてはならないのではないか。

モダンライフというのは、おそらくは今後も当分の間は、電気エネルギーなしではたちゆかないだろう。暮らしに電気は欠かせないというのは事実だろう。だとすれば、一方で、電力供給源にかかわる課題はそれとして追求しつつ、同時に他方で、家電品にかこまれたわたしたちの暮らしそのものの正体を、しっかりと見きわめる必要がある。外部世界の課題はそれとして追求し、内部世界の問題はこれまたそれとして認識する。そして、さらには、その両者をひとつのより大きな問題として総覧する。こうした知の営為が欠かせないだろう。そのいずれが欠けてもいけない。

本書は、こうした多層的な課題の一部を解明しようとする試みである。取りあげるのは「白い家電品」だ。白い家電品は、決して目立つことなく、かいがいしく、従順に、快適さや便利さ、効率性を、わたしたちの暮らしに提供してくれる。しかしそれらは、その「親愛なるさりげなさ」でもって、いつしか、わたしたちのものの考え方を、家電品の作法に染めてゆく。以下では、なかでも「白い電気冷蔵庫」を中心的に扱う。なぜなら、白い電気冷蔵庫は、数ある家電品のなかでも、およそ白物家電のトップバッターであったからであり、さらに、白物家電をめぐるさまざまな問題を、もっとも凝縮したかたちで体現してきた存在だからだ。白い電気冷蔵庫、それはきわめつけに強力なモダンライフの使徒であったからである。冷蔵庫を抜きにして、白物家電を語ることは不可能である。白物家電わけても電気冷蔵庫がもつ、さまざまなイデオロギー機能をあばく。それが本書の狙いである。

本書はまず、およそ電気がひとびとの前にあらわれた黎明期、すなわち一九世紀末からはじめる。それが一九一〇年代、家庭に侵入してきたのち、一九二〇年代、いよいよひとつの中心原理として暮らしのすみずみに浸透し、ひとびとの価値観や日常的身ぶりに深刻な影響をあたえはじめる。さらに一九三〇年代から今日まで、技術革新と称して、ますますひとびとの暮らしや考え方を拘束してゆく。こうした一連の流れを追ってゆく。

モダンライフは神話である。この神話がなりたつには家電品が必要だった。そして、家電品が働くには「電気」が欠かせない。つまり、わたしたちの日常となっている、便利で快適なモダンライフとは、そのあらかたが電気によって成立している。したがって、現代の便利な暮らしをその総体において考えるには、まずもって、電気について考えなくてはならない。今日あたりまえのものになっている電気とは、そもそも、どのようなものとしてわたしたちの目の前にあらわれたのか。ひとびとは、いかなるものとして電気を理解しようとしていったのか。まずは、これから見てゆかなくてはならない。なぜなら、現代のモダンライフも、黎明期、電気が負わされることになったイメージ世界の延長線上にあるからだ。まずは、電気そのものを黎明期にさかのぼってとらえ直すことからしか、二〇世紀「電気の時代」における便利な暮らし「モダンライフ」を、総体的にとらえることは難しい。

「白い冷蔵庫」ならびに「白いモダンライフ」が、二〇世紀最大の神話であることをあばく。この狙いは、白物家電神話がもつ巧妙な「語り口」を、丹念に読み解いてゆくことによってだけ達成できる。

本書で扱うのは、白物家電とはどういうものか、さらに、それによって手に入れられるモダンライフとはどういうものかを語ってみせた、各種メディアの「語り口」である。主なジャンルは女性向け家庭雑誌とポピュラー系科学雑誌だ。具体的には、『上手な家事《グッド・ハウスキーピング》』（一八八五年創刊）や『ウーマンズ・ホーム・コンパニオン』（一八七三年）などであり、『サイエンティフィック・アメリカン』（一八四五年創刊）や『ポピュラー・サイエンス』（一八七二年）、『科学知識』（一九二一年）などである。

　本書では、こうした雑誌の記事や宣伝広告といったテキストを分析するが、さらに広告の写真や図版といった図像たちも分析する。いずれも、二〇世紀型モダンライフとはどういうものであるべきかを語ろうとする表象だからだ。テキスト解釈学ばかりでなく図像学の手法を使って、そこに語りこめられている「白いモダンライフ」像を浮かびあがらせようというのである。

　本書は、今日わたしたちのものとなっている「便利な暮らし」を、その根本にさかのぼって批判的にとらえる分析の書といえる。

第一章　電気時代の夜明け——エレクトリック・バナナ計画

検察側の証人

「被告人を無罪に処する」。

裁判長がおごそかに言いわたした。かたずを呑んで、静まりかえっていた法廷には、いっせいに、ホウッと安堵のためいきと、困惑したざわめきがあふれた。

被告人と弁護士は、ふかくうなずきあった。傍聴席では、無実を確信していたひとびとが、そっと握手をかわした。もちろん、検事はみけんにしわをよせ、書類をかきあつめた。傍聴席でも、かたい表情で、なにやらヒソヒソ話しこむ紳士たちがいた。

それは、よく見なれた光景だった。しかし、この日の法廷には、どこかしら奇妙な空気が流れていた。たしかに、勝訴したひとびとは、喜びに包まれていた。しかし、それでいて、検察側のひとびとに、どこか遠慮がちな視線を送るのだった。敗訴側は敗訴側で、複雑そうなようすだった。なるほど、無罪判決には納得がゆかない。しかし、裁判長により訴因が認められなかったことも、まったく不当なこととも言い切れないのかもしれない。そんな微妙な雰囲気が漂っていた。勝ったようで、勝った気がしない。負けたようで、負けた気がしない。

隔靴掻痒。画竜点睛を欠く。その日、そこにいあわせたひとびとはみな、それぞれ見解の相違はあるにせよ、心の奥の方で、なにか澱《おり》のようにぬぐいきれない思いをいだいた。要するに、どこか不完全燃焼にも似た、中途半端な空気に包まれていたのである。一八九六年一〇月二〇日、ドイツ帝国最高裁判所第三法廷のことだ。たしかに、それは奇妙な光景だった。

さて、かくも不思議な反応をよんだ起訴事案とは、いったい、どのようなものだったのだろうか。それは、ある窃盗事件だった。

先年来、ドイツ各地で、新手の窃盗事件が多発していた。もちろん、全国の地方裁判所に起訴され、判決が下されていた。しかし、似たような窃盗事件であるにもかかわらず、じつは判決がバラバラで、裁判所の見解も、まっこうから対立するものばかりだった。そこで、最高裁判所にまで上告され、とうとうこの日、ドイツ司法の最高級審が、最終的な裁定を下すことになったというわけである。

法の番人によっても、判断にズレが生じる。この新手の窃盗事件とはどういったものなのか。いったい、なにが盗まれたというのであろうか。

各地で頻繁に盗まれた「もの」というのは、じつは「電気」だった。電気の窃盗事件。これこそが、最高裁判所に、最終的な法的判断をあおがねばならない被害物件だったのである。

この日、無罪判決をえた被疑者の嫌疑は、次のようなものだった。被疑者の男性は、自宅近くにある中央発電所から、許可なく電流を盗み取り、自宅の発動機を動かしていたというのだ。発電所側は当然ながら、窃盗事件の被害者として警察に届けた。なにせ自社製品が、いかなる契約の締結関係もないまま、無断で消費されていたのだ。訴えを受理した警察も、これまた当然ながら、窃盗事件として捜査し、被疑者を確定して、検察庁に送検した。検察庁は検察庁で、これまた当然ながら、立件して公判にもちこんだというわけである。すべては、これまでそうであったように、窃盗事件として扱われていった。

ところが裁判所は悩んだ。この事案を、従来のかたちのまま、窃盗事件としてとらえてよいものか。とらえてよいものだとしたならば、その法的根拠はどこにもとめられうるか。また、とらえるべきではないとすると、これまた、その法的立論はどのようになされるべきか。

さて、一連の裁判で争われ、何人もの裁判官の頭をなやませたのは、要するに、どういう困難だったのであろうか。それは次の一点であった。「およそ電気ないし電流というものは、窃盗あるいは横領・着服の対象たりうるか?」。これである。

そしてこの日、上告をうけ、慎重に審議した結果、最高裁判所が出した結論は無罪だった。その理由はこうだ。「電気ないし電流は、刑法二四二条が定めるところの『動産』にはあたらない。窃盗あるいは横領・着服の対象たりうるのは、ただひとり動産および不動産だけである」。つまり、およそ電気というものは、金銭や所有物、財産や土地などとはちがい、「財物」ではないからだというのである。

そもそも財物とは、近代法のさだめるところによれば、「自然界にある物質性を備えたもの」に限られており、かつ「空間を占有する物質性を有するもの」、「有体物」とされてきた。しかるに、電気というものは、まるで匂いもなければ、目にも見えず、手にすることも、触れることもできない。およそ自然界にあるべき「物質性」を、備えたものとは言い難い。

たとえば、工作機械を盗めば窃盗にあたる。なぜなら、工作機械は物質性をそなえた財物、とどのつまりは物質だからだ。ところが、工作機械を使ってものを作るとき発生する「稼働力」および「労働力」は、よしんば盗取されたとしても、窃盗にはあたらない。なぜなら、「力」や「労力」は物質性を備えていない、つまり物質ではないからである。これと同じことで、これまでの刑法の理念からすれば、物質性をもたない電気というのは有体物とはいえず、財物とはいえない。したがって、盗みの対象物とはなりえない。

さらに、判決文はつづけた。そもそも、このように電気は物質性をもたない以上、電気それ自体として知覚することができない。一般にひとびとが電気だと思っているのは、電気そのものではない。われわれが認知し、知覚しているのは、たかだか、電気が「なんらかの技術的手段」により「変換」させられた結果としての「状態」でしかない。たとえば、電灯の「光」がそれであり、電熱器が発する「光熱」がそれであり、電動機が稼働する「運動性」がそれだ。要するに、電気が生む「効果」しか、電気が結果として生じさせる「状態」しか、われわれには認識できない。そして、こうした効果あるいは状態というものは、やはり、いかなる意味においても、物質性を備えたものとはいえず、有体物とは言い難い。このように論じてみせたのである。

以上の点を勘案して、法の定めるところにより、被告人を無罪とする。これが帝国最高裁判所が下した裁定と、その法的根拠であった。

ところが、それからわずか数年後、別件の電気窃盗について、第一審において、正反対の判決が下されることになる。「被告人を有罪に処する」。裁判長は、判決理由のなかで次のように述べた。電気窃盗は、あきらかに窃盗とみなしてさしつかえない。なぜなら、電力が電力会社により「製品」として売られている以上、有体物と同等とみなされていると判定してしかるべきだからだ。

検察側の証人には、市電の技術者が召還された。鑑定書を書いたのである。専門の電気技師として、先年の最高裁判決にあった、「状態」という文言に疑問を投げかけた。曰く、長年にわたる現場での経験からすると、電気というのは、「なにか流動体的なるもの」のように思われる。それに対して、状態という言葉は、どこか「静態的」なにものかを指示する。だとすれば、電気が流動体的なものでありうる以上、状態という文言は適切ではない。このように主張したのである。

こうした議論や証言をふまえ、第一審では、電気を盗んだ被告人に対して、有罪判決が下されたのだった。先年の最高裁判所による判決とは、正反対の結果であった。

事態は紛糾した。かくも、ひとつの事案をめぐって、司法の見解がバラバラでは困る。この第一審の判決を受けて、さっそく、帝国最高裁判所第二刑事部は動いた。一八九九年五月一日付けの評決で、これを却下したのである。曰く、状態というのは、静態的なものばかりに限定されるのではなく、運動状態ならびに振動状態という現象もある。それゆえ、電気を「エネルギー」と捉えることは、必ずしも有体物と捉えることと同義ではない。こう言ったのである。

一八九六年の最高裁による無罪判決を経て、その後も、さまざまな見解が登場した。それは、他ならぬ新しい科学的現象である「電気エネルギー」の新規性、未聞性からくるものであり、ありうべき事態であった。なにせ、これまでの法律では、物質が盗まれたときの規定はあったが、物質ではないものが盗まれたときの規定は、存在していなかったからだ。そこで、電気の窃盗事件という、まったく新しいできごとを前にして、さまざまな法解釈が試みられた。ときに大学教授がまねかれ法理論的に論究され、ときに哲学書が引用され認識論的に分析され、ときに技術者が喚問され実践論的に提言された。それは、混乱とでも言いたくなるようなありさまだった。そして、それもこれも、すべて電気エネルギーという、これまでにないほど理解困難な現象がテーマだったからである。ことほどさように、電気をめぐる法的解釈は紛糾したのだった。

しかし、こうした混乱にも、決着がつけられるときがきた。最高裁判決で無罪が宣せられてから四年後、別件の第一審で有罪判決が下されてから一年後にあたる、一九〇〇年四月九日のことだった。ドイツ帝国刑法第二四八条に、電気の盗取は窃盗罪に該当するものとし、刑事罰の対象とする旨が正式に銘記されたのであった。一八八〇年代から頻発し、法曹界を悩ませてきた事案も、ようやくここに至って、一応の法的決着をみたのである。

電気神話のしくみ

思わず法律の歴史めいたことから書いてしまった。素人の身としては頭が痛くなってくる。もう、ここらへんでやめておこう。

ことさら、今から一〇〇年以上も前の、しかも、ドイツにおける法律論争をもちだすからといって、なにも、法律論を書こうというわけではない。本書のねらいは別のところにある。すなわち、二〇世紀の「電気神話」をあばこうというのである。

さて、電気神話とは、いったいどういうものなのか。それは、およそいかなるかたちの電気であれ、電気というものに対して、ひとびとが思い描くイメージ総体のことである。たとえば、「稲妻のように光り輝くものだ」とか、「きわめて速度が早いものだ」。あるいは、「エネルギー源として有用なものだ」とか、「暮らしには欠かせない便利なものだ」。あるいは逆に、「感電すると怖いものだ」とか、「専門家でないと、なかなか正体が分からぬものだ」などなど。そういった、電気というものが二〇世紀大衆社会のなかに普及してゆくなかで、一般のひとびとがごく普通に抱く、電気についてのさまざまなイメージの総体。つまりは、あらゆる電気表象の総体。これを称して電気神話と呼ぶのである。

電気神話の特徴とはいかなるものか。それは、ひとことでいえばこうだ。すなわち、純然たる科学的できごととしての電気現象に、たとえば、市民的道徳であるとか、近代的価値観であるとかいった、本来科学とはなんの関係もない価値の枠組みが混ざりこみ、奇妙な混淆状態をなした「電気イメージ」。これである。

そもそも、科学の進歩とは脱迷信あるいは脱宗教のことである。一般的にはそう考えられがちだ。確かに、そうした側面もある。しかし同時に、科学情報それ自体が「現代の神話」や「現代の迷信」として作用してしまう。そんな事態も起こるのである。

ひとつ例をあげよう。一九一〇年、ハレー彗星が到来したときのことである。かつて、彗星は異常現象として、神の怒りであるとか、天災の前兆であると見なされ、ながらく恐怖の対象だった。今から見れば、もちろん迷信である。そこに近代科学が現れ、天文学的根拠、科学的説明をほどこした。これによって、それまでの非科学的な迷妄が解かれる——はずだった。

ところが、科学的に解明されたはずのハレー彗星が、今度は、他ならぬその科学的根拠をあらたに身にまとって、科学時代の恐怖としてカムバックしてきたのである。たとえば、彗星のシッポには、窒素ガスやシアン・ガスなど有毒な気体が充満している。彗星が地球に最接近した場合、長大なシッポが地表を覆い、地上の生命体が死滅してしまうというのだ。もちろん俗説である。科学的には正確でない。しかし、一部とはいえ、科学情報の欠片《かけら》がベースになっている。決して、祟りだとか、呪いだとか言っているのではない。窒素ガスとかシアン・ガスとか、科学的な響きがする非日常的な言語で、ことの次第が語られているのだ。その分、どことなく「もっともらしく聞こえる」。あたかも専門知識であるかのようだ。科学時代の流言とはこうしたものである。一九一〇年、ひとびとは、突然空から襲いかかってくる、天体ガスの恐怖に振り回された。実際、各地で笑えない珍騒動が起こり、パニック状態になるひとびとも出てきてしまった。科学時代の迷信の誕生である。

科学イメージは現代の神話として作用する。こうしたできごとに関して、科学ジャーナリズム、なかでもポピュラー系科学雑誌が果たした役割は大きい。狭い専門家集団むけの研究論文とはちがい、科学知識をひろく一般大衆に伝えることを目的とした情報ツールだからだ。

特徴はその「語り口」にある。最先端の知識を正確におさえつつも、エピソードを添えるなど、一般読者の受容傾向にたいする配慮がなされているのである。「分かりやすく書く」(Written so you can understand it)。つまり、その時代の関心や知的水準、嗜好や欲望を敏感にかぎわける嗅覚がはたらいているのだ。そして、ほかならぬ「語り口」へのこうした配慮こそが、編集者の表現意図とは別に、結果として、時代の欲望をやどしてしまうのである。ポピュラーサイエンス、それは科学神話の生産システムである。科学の時代でもあり、大衆の時代でもある二〇世紀を多面的にとらえるには、またとない重要な歴史資料なのだ。

二〇世紀を代表する、稀代の物理学者アインシュタインも、こうした神話にまきこまれたひとりだ。

アインシュタインの光量子仮説は、本来、純然たる理論であった。市民的モラルや価値観とはなんの関係もない。ところが、彼の理論も、物理学の専門家ならぬ一般大衆に伝えられる際、先進性や利便性といった、市民社会の欲望や比喩と接合して語られた瞬間、現代の神話になったのである。実際、二〇世紀初頭の一般大衆は、メディアを通じて光量子仮説を知るや、それ以降、光エネルギーが電気エネルギーに変換するという物理現象を、未来志向の文脈から外してイメージすることが困難になってしまった。それは、肯定的にみれば、想像力の喚起ということにつながるかもしれないが、批判的にみれば、イメージをある特定の方向にリードすることとも言える。

　ロラン・バルトによれば、神話というものは、語られる内容によって決まるのではない。それを語る「語り口」によって決まるのである。これを語れば神話になるという、固有の内容があるわけではない。あるいは逆に、これはどのような語り方をしても神話にならないという、固有の内容があるわけでもない。どんな内容であれ、それをメッセージとして発信するやりかたが、神話的か神話的でないかという別があるにすぎない。神話は形式であって内容ではないのだ。すなわち、いかなる内容であっても、神話的に語れば神話になるのである。ということは、現代科学であっても神話的に語られうるわけであり、つまりは神話になりうるのである。そうであってみれば、電気もまた神話的に語られうるのであり、つまりは神話になりうるのである。

　純然たる科学としての電気現象ではなく、こうして神話的に語られた電気表象。すなわち電気神話なるものが、いかなる構造のものであり、どのようにわたしたちに影響を及ぼしたか。それを解明するのが本書のねらいである。しかし、そのためには、黎明期、そもそも電気というものが、ひとびとにより、いかなるものとしてとらえられていたか。あるいは逆に、いかにとらえがたいものであったか。これを見きわめるところから始めなくてはならない。冒頭から、一九世紀末ドイツの裁判事例をあげたのも、その理由はただひとつ。当時のひとびとにとって、電気というものが、いかにイメージしにくいものであったかを確認するためである。

親愛なるさりげなさ

電気とはイデオロギーである。そして、電気イデオロギーの本体は電気神話からできている。これが本書のテーゼである。

さて、あらためて、二〇世紀の電気神話とは、いったいどのようなものなのか。

二〇世紀には、数多くの科学神話が誕生した。たとえば、流線形神話や超音速神話、原子力神話や宇宙開発神話など、それこそ、あげてゆけば枚挙にいとまがない。それらはいずれも、元来は科学的現象であったが、ある時点から、たんなる科学的できごとであることを中断して、社会全体あるいは時代全体を象徴する記号へと神格化されていった。そこから生まれたのが、それぞれの時代を、たとえば流線形時代《ストリームライン・エイジ》（一九四〇年代）と呼び、たとえば超音速時代《スーパーソニック・エイジ》（一九五〇年代）と呼び、またあるときは原子力時代《アトミック・エイジ》（一九六〇年代）やアポロ時代（一九七〇年代）と呼ぶ表象スタイルであった。思えば二〇世紀とは、連綿とつづく科学神話の時代であったといえる。

しかし、それらのなかでも、とりわけ電気神話というのは、他の科学神話より一頭地ぬきんでた、独特の科学神話であったといえる。では、電気神話をきわだたせているものとは、いったいなになのか。

それは、親愛なるさりげなさである。

現在、電気というものは、あたりまえのものになっている。さらには、電気を使った日用品や電気製品は、わたしたちの暮らしに欠かせないものとなっている。まぎれもない現実である。このような現実を前にして、今日立てるべき問いとは、おそらく次のようなものであろう。すなわち、こうしたできごとやものたちが、知らず知らずのうちに、わたしたちのものの考え方それ自体に、大きく、深刻な影響を及ぼしているのではないか。大袈裟にいえば、なんであれ行動するとき、あるいは、ものを考えたり判断するとき、わたしたちは、電気というもの、ならびに電気製品そのもの、さらには、電気や電気製品を使った「便利な暮らし」そのものによって、強く左右されているのではないか。

さらに、そうした事態は、決して、仰々しく、無理矢理の力づくでもって、わたしたちをねじ伏せようとしているわけではない。そうではなくて、大抵の場合、電気や電気製品というのは、じつにひそやかに、まことに控え目に、わたしたちの暮らしのすみずみに寄りそい、痒いところに手が届くように、あれこれとこまめに面倒をみてくれる。そのかいがいしさ、その従順さ、その目立たなさには、特筆すべきものがあるといえる。しかも、それらによって、わたしたちにもたらされるのは、もっぱら、あらゆる意味での「快適さ」であり、「便利さ」であり、「効率性」である。要するに、ひとことでいえば、すべて「良きこと」どもである。

このように、良きことを提供してくれる電気は、目立たずに、それでいて、かいがいしくその使命をはたしてくれる。この心地良さ、この手軽さ、この安心感、つまりは、あらゆる意味での親しみやすさ。こうした、親愛なるさりげなさゆえに、じつは却って、多くのものが見えにくくなってはいないか。今日、問われねばならないのはこの点である。

たとえば、こんな事態だ。大抵の場合、わたしたちは自分独自の価値判断から、なにもかも決めているつもりでいる。もちろん、その通りなのだが、しかし、そのようでいて、じつは電気がわたしたちに要請する「作法」で、ものを判断してしまってはいないか。もし仮にそうだとすると、わたしたちは自分自身でありながら、自分以外のなにものかによって、自分たりえているということになる。無論、人間というのは、いかなるものの助けも借りずに、絶対的に単独で、あらゆるものから孤絶して生きてゆけるはずがない。自分以外のなにものかの助けを、つねに必要とするものだ。たとえば自分以外の他者、たとえば自分の身体以外の道具、たとえば自分の思想以外の他者の思想などなど。そういった、自分とは違うなにものかの助けがなければ、人間は人間たりえない。そうした、いわば人間個体を包みこみ、育て、支えてくれるものを、ひとびとは社会と呼び、文化と呼び、歴史と呼んできた。これまた当然のことであろう。

しかしながら、このような事態において、ひとつだけ問題がある。それは次の一点である。すなわち、自分以外のなにものかを抜きにしては、自分が自分たりえないとしたとき、わたしたちが、そうした事態を認識することができているかどうか。これである。他者の存在から、自分がなんらかの影響を受けている。社会や文化のありようから、自分がなんらかの影響を受けている。こうした事態そのものは、とりたてて否定されるべきものではない。仮にそうしたものから影響を受けていたとしても、そのこと自体を認識しておれば、そこから受ける影響の是非を問い直すことができるからだ。よき影響であれば、良きものとして、これを大切にしてゆけばよい。悪しき影響であれば、悪しきものとして、これを正してゆけばよい。これがおそらく、ものを考えるということであり、省みるといういとなみのことだろう。ただそれだけのことであり、かつ、それこそが人間を人間たらしめるために重要なことであろう。

しかしながら、こうした考えなり、内省なりということがなりたつには、たったひとつ、絶対に欠かせない条件がある。それは、そこに確かに影響なるものが存在しているということを見抜くことだ。まずは、そこになんらかの影響がはたらいていることを、ただしく認識することである。いかなるものであれ、外部からの影響を大切にするにせよ、問い直すにせよ、そもそも、そこに影響関係が成立してしまっていることそれ自体を認識することからしか、なにも始まらない。

少しく結論を先取りしていえばこうだ。便利をもたらしてくれた数ある文明の利器のなかでも、その応用範囲の広さと、ひとびとの暮らしにあたえた恩恵の大きさという点で、電気というのは、特権的な重要性をもった道具である。しかし、こうした便利さ、あるいは、便利さからくる快適さというものが、どのようにしてか、なにかを損ない、毀損し、ゆがめてしまうものだとしたら、それは等閑に伏すわけにはゆかない。わたしたちが、たしかに、便利さと快適さを手に入れる一方で、しかし、なにか大切なものを失っているとしたら、それは見過ごすわけにはゆかない。

かつてヴァルター・ベンヤミンは思索集『一方通行路』（一九二三〜二六年）において、文章《テキスト》を読むときのふたつの異なったスタイルについて語った。曰く、一方で、賢い読者として、文章を効率よく読むというスタイルがある。これは、あたかも、ある地形の上を飛行機で飛ぶようなものである。なるほど、窓からの眺望は広く、広範囲にわたり遠望でき、地形がよく分かる。書物メディアやタイプライターなどでつちかわれた、西洋近代の読みのスタイルだ。

他方で、文章を読むとき、あたかも、徒歩でゆく散歩者のような読み方がある。いちいち文章を筆記するスタイルだ。写本である。言うまでもなく、これは効率が悪い。たとえば、散歩者たる筆記者は、坂道にさしかかると、その勾配に息が切れる。峠の道に出れば、しばし立ち止まって、四囲の風景をめでる。めざすべき目的地をいっとき忘れても、足下の小石や路傍の野草に心奪われる。古代中国の筆耕生に代表される、文章のなかに分け入って、言葉の気息にとことん寄りそう読みのスタイルだ。

飛行機で道のうえを飛び去る読みと、散歩者の遅い歩みのような読み。さて、このふたつの読みは、どこがどう違うのだろうか。ベンヤミンは次のように見立てる。曰く、街道を歩いてゆくか、飛行機でそのうえを飛ぶかによって、「街道の発揮する力が異なる」。飛行者にとって、どこまでも続く街道とは、「たんに伸べ広がった平野にすぎない」。道は、「まわりの地勢と同じ法則」によって、繰りひろげられてゆくだけである。そのとき、飛行者は、おのれの「夢想」の「自由な空」をさまようだけで、「自分の自我の動きにおとなしく従う」しかない。それに対して、道を歩いてゆく者は、「道そのものの支配力」をいやおうなく知る。急な勾配であれ、路傍の小石であれ、街道の風景に、いちいち取り組まざるをえないとき、あるいは、道そのものの力を尊重せざるをえず、あるいは、道そのものの力を恐れざるをえず、結果、「自分の自我の動き」を律しないわけにはゆかなくなる。

効率の良い読みと、効率の悪い読み。かたや、古くは書物メディアによって、新しくはタイプライターやカード式索引書類綴《インデックス・ファイル》じといった、便利な文房具によって誕生した読みのスタイル。かたや、アルカイックな筆記道具によってつちかわれた読みのスタイル。両者は、たんに筆記用具という道具の便利さの違いによって、分かたれるのではない。道具の違いと、道具の使い方の違いによって、読みの戦略までもが違ってくるのである。筆記用具や書物とは、言ってみればハードウェアであり、読みのスタイルとはソフトウェアである。要するに、ハードウェアが変化するとき、変化はひとりハードウェアのそれだけにとどまらない。無論、明確で、単線的な因果関係だけではないにしろ、とどのつまりは、ソフトウェアの変化をも引きおこさずにはおかないということだ。誤解を恐れずに言ってしまえば、道具が変わると、人間の考え自体も変わることがありうるということである。もちろん、事態は、原因と結果といった単純な直列関係ではない。それぞれの時代における、筆記や読書をめぐる、さまざまなイメージや価値観が、複合的に錯綜した表象の網の目でできている。言うまでもなく、よしんば道具が変わったからといって、決して、あたかもチャンネルを切り替えるかのように、すべてがゼロか一〇〇かのごとく、明確に切り替わるわけではない。しかしながら、少なくとも、新しい道具が登場して暮らしのなかに進出するとき、人間は、その道具とのつきあい方を迫られる。それを使うにせよ、それを使わないにせよ、新しい道具との、いわば距離のとり方を迫られずにはおかない。これは、新しい道具が目の前にあらわれたればこそ生じた、それ自体、新しい事態である。

そして、ここで重要なのは、そうしたときに、道具の刷新がたんに道具だけの刷新として終わるのではないという事実に思いを致すことである。そして畢竟、その道具を目の前にした人間の、ものの考え方そのものにも、なんらかの、軽んじることのできない変容を迫る事態が生じつつあることに気づくことである。

気づきの母は「驚き」である。新奇なものを目にしたときの驚きこそ、気づきの端緒になりうるからだ。仮に、気づきが重要だとすれば、その母たる驚きこそが重要だということになる。そうであってみれば、発見術的にやっかいなのは、新奇なものが驚きを呼びさましにくいときであり、あるいは、せっかく呼びさまされた驚きも、たちどころに失せてしまうという事態である。それは、いかなるときに起こるのか。それは、さまざまな条件下で起こりうることではあるが、その典型としては、新奇な道具が、目立たず、控え目で、親しげなときだろう。つまりは、親愛なるさりげなさ。新しい事態がもっとも認識されにくいとき、それは、新奇な道具が、親愛なるさりげなさでもって、ひとびとの暮らしに寄りそうときである。

電気とはイデオロギーである。しかも、電気は、たちの悪いイデオロギーである。なぜたちが悪いかといえば、ひとえに、電気が親愛なるさりげなさをもって、ひとびとの暮らしを律するからである。しかも、そのこと自体に、ひとびとは気づかないからである。イデオロギーといって語弊があるならば、特定の価値の枠組みと言いかえてもよい。

電気というのは、なるほど、その機能とはたらきによって、ひとびとを惹きつけ、そのさりげないはたらきぶりによって、ひとびとに安心感をあたえた。さらには、あらゆるメディア媒体が、さまざまな語り口によって、電気のすばらしさを言挙げしていった。ときに、暮らしに密着した実践的なアドバイスとして、ときに、未来志向の夢想的ビジョンとして、一九世紀後半から二〇世紀にかけて、電気は新世紀をきりひらく新技術として語られていった。そうした、一方で、ひとびとの電気をめぐる実体験と、他方で、ひとびとにあたえられる電気についての情報。これら両者が相まって、ひとびとに、特定の電気表象を想念させていった。要するに、これらすべてが複合的に絡まりあう、その神話的な語り口によって、たくまずして、総掛かりのイデオロギー装置として機能していたのである。

電気は女神の翼に乗って

見たことも聞いたこともないものを、他人に説明するのは難しい。

電気あるいは電気エネルギーの勝利は、今日では、きわめてあたりまえのことと思われている。したがって、電気がエネルギーとして、その姿を少しずつ確定しはじめた頃、すなわち一八世紀、その足どりがおぼつかなかったことなど今からでは想像しがたい。今日では、電気エネルギーについての学問的言説も検証されてきており、科学的に保証された知識と、たんなる思いつきとのあいだには、厳格な境界線がひかれている。しかし、黎明期においては、それらのあいだに厳密な区別など存在しないこともしばしばであった。電気エネルギーという未知のものを前に、さまざまな関心や欲望が、未分化のまま錯綜していたのだ。それからおよそ一〇〇年後すなわち一九世紀中頃、電気はエジソンの名とともに、照明の歴史に登場してくる。白熱電球の発明である。一八八一年、この発明が欧州に紹介されて以来、照明の歴史が新たな展開を見せたのはよく知られるところである。当時、最盛期をむかえていたガス灯が駆逐されるのだ。

この間、電気の正体が探究されるようになって、およそ一〇〇年たっていた。しかし、それにもかかわらず、電気のイメージは、一般にはあいかわらず不分明なものでありつづけた。照明エネルギーとしての電気の使用法が、不確定だっただけではない。そもそも、電気を照明に使うという発想自体が、最初から、今思うほどハッキリしていたわけではないのだ。なぜなら、それまでのガスや蒸気が感覚的に知覚可能だったのに対して、電気はいかなる意味においても、容積を有した有体物ではないからであった。それゆえ実際に、冒頭で見たように、「電気および電流は盗難あるいは横領の対象たりうるか」を争点にした訴訟が、法廷で争われたわけだし、電気が盗難の対象たりえないのは、電気の本質が非物質性に存するからだと主張されたわけであった。結局、二転三転したのち、刑法第二四八条により窃盗罪が成立したのは、ようやく一九〇〇年になってからのこと、つまり二〇世紀になってからのことでしかない。

【図01】蒸気機関車を駈る男性神マーキュリー。石炭と蒸気機関の物質性がもつ力強さをギリシア神話に見立てた19世紀の表象世界。

電気神話の困難は、ひとえに、「自然界にある物質性」を備えていないという、電気固有の特性からくるものだった。つまりは非物質性。これが、電気について語るとき、もっとも困難なできごとであった。

ちなみに、一九世紀中頃まで、技術の進歩を代表するイメージといえば蒸気機関であった。黒光りするコークス、油煙をたてるタービン、回転するクランク、噴き出す蒸気、疾駆する鉄の塊など、いずれも具体的な運動の表象である。そして、こうした力強さを図像化したのが、巨人《タイタン》や火と鍛冶の神《ヴルカヌス》といった、ギリシア神話に範をとる男性神の勇壮な偶像であった【図01】。

それに対して、電気はいかなる物質性をもたない、そもそも知覚できないエネルギーであるがゆえに、「目には見えない不思議な力」、「生命にかかわる玄妙な流体」として思い描かれるしかなかった。その結果、伝統的なというより、むしろ古典的ですらある「エーテル」という概念へと、いつしか読みかえられていくことにもなる。こうして抽象的にしか表象できない現象を図像化したのが、光の女神《エレクトラ》や妖精《ニンフ》といった、流麗な肢体をもった女性たちのイコンであった。これは、ドイツ有数の総合電気会社ＡＥＧが、一九一〇年代まで、すべての宣伝媒体において女神の図像をくりかえし使用していたことにもあらわれている。電気の威力を、神話のエピソードに翻訳しなくてはならなかったのである**【図02】**。

ここでの電気神話を成立させている表象の基本構造をみるとき、ひとつのできごとがみごとに浮かびあがってくる。それは、かたや、石炭や蒸気など、なんであれ電気とは違うエネルギー源は、自然界における物質性を備えているだけに、具体的にイメージしやすく、したがって、自然界で知覚できるものとの相似性を頼みにすることができるという事態であり、それに対して、電気というものは、およそ知覚することができないものなので、とどのつまりは、エーテルであるとか、妖精であるとか、なにか抽象的あるいは理念的にしか連想しえないものの表象世界に頼るしかないという事態である。

【図02】AEG社の商標ロゴマーク「電気の女神」。不可視のエネルギーとしての電気を女神に託した表象世界。1890年代の電気イメージ。

もうひとつの例を見てみよう。一八九一年、フランクフルトで電気技術博覧会が催された。会場とネッカー河畔ラウフェンを結び、一七九キロに及ぶ遠距離送電が最新技術として披露された、国際的な水準の博覧会であった。なかでも異色なものとして、バレエが上演され人気を博している。科学的なハードウェアばかりの展覧にまじって、啓蒙をかねたアトラクションといった趣である。演題は『パンドラ』と言い、電気誕生記をギリシア神話風に仕立てたものだ。ところが、ここでの演出が示唆にとんでいる。ゼウスの末裔として登場するガルヴァーニは、史実とはちがい「未婚の女性」なのである。さらに、電話、蓄音機、電信と写真という最新応用技術が、美と優雅の三女神「カリス」の現代版に模せられて、輪舞するのである【図03】。啓蒙バレエ『パンドラ』には、電気エネルギーが女性の身体イメージを借りて、おのれのイメージを伝えようという構図が明確に残っている。そして、その際の図像的核心が流麗な肢体のしなやかさであることに、疑問の余地はない。

かたや男性神の強靭な肉体性と、かたや女性神の流麗な身体性。なるほど、意匠としては凡庸であるが、これら二種類の身体イメージが発信する表象世界は、きわめつけの科学神話である。なぜなら、純然たる科学的できごとである電気現象を伝えるのに、男性の肉体性と女性の身体性という、それ自体電気とはなんの関係もないはずの表象世界を、比喩的に援用して語っ

【図03】啓蒙バレエ『パンドラ』の美と優雅の女神。了解困難な電気エネルギーの玄妙さを女性のしなやかな肢体として表出する試み。不可視を可視化する手立て。

ているからだ。さらに、仮に比喩を使ったとして、石炭や蒸気機関の力強い運動性を指示するのに、男性神をもってし、電気のひそやかで知覚困難な精妙さを指示するのに、女性神をもってしている。こうした、いわば修辞上の選択に、一九世紀ドイツ社会にあった、男女の身体性をめぐるジェンダー的価値の枠組みが色濃く影をおとしていることは、ことさら言うまでもない。つまりはこれも、電気という科学的できごととは、なんの関係もない市民的価値観であり、ひるがえって、電気をめぐるこれら一連の「語り口」が、神話構造からできていることの証左に他ならない。

科学と迷信

新しいものが、古いもののイメージ圏から脱するのは難しい。

近代医学の裏面史に、神秘主義《オカルティズム》ときびすを接している流れがある。動物磁気説《メスメリズム》の系譜がそれだ。宇宙には、磁気や電気やその他の生命力といった、「目に見えない流体」が充満しており、人間には、それに反応する器官が具わっている。こう主張する学説の流れだ。

一八世紀後半、パリの医師F・A・メスマーは、これを「第六感」と呼び、ロマン主義的生気論者は「共感的神経システム」と呼び、ドイツの学者J・W・リッターは「電気的源感覚」とよんだ。健康を回復するためには、この器官をつうじて、宇宙に充満しているこの「生命の流体」とつながることにより、自然との調和を再獲得しなくてはならない。これが、磁気療養師ならびに電気療養師の処方箋だった。今日では、フロイト以降の精神分析学との内的関連も再検討されつつあるが、しかし、当時は詐欺的理論の烙印をおされ、医学界からは冷遇された学説であった。学問的言説を自家薬籠中のものとする専門家集団のなかでも、一筋縄ではいかない学説のこととて、風聞情報としてはなおさらデフォルメされる危険性をもっていた。実際、一九世紀も下るにつれ、降霊術まがいの代物に堕していったものも少なくない。

一九世紀後半、いわゆる医学先進国ドイツでも、市民は、明るい未来をひらく最新技術「電気エネルギー」をレポートする科学記事を読んで、知的欲望をみたしていた。エジソンが白熱電球を欧州にもたらす四年前の一八七七年、人気を誇った市民教養誌『ガルテンラウベ』に、「治療手段としての電気」という記事が掲載されている。筆者であるドレスデンのピーアゾン医師は、この先端的な医療技術についての啓蒙記事を、もっぱら「科学的」に書いている。

曰く、神経痛患者に対して、医師がよく「電気をかけましょう」というけれども、これは「あの磁気治療とはまったく別のもの」である。このように念を押したうえで、かの磁気治療は「信仰」だったが、現在の電気治療は「知識」であると、くりかえし主張している。触覚神経と運動神経に効く「ファラデー方式」、あるいは、脳や脊髄と神経器官に効き目がある「ガルバニ方式」を応用した「電気療法《エレクトロテラピー》」こそ、学問的に根拠づけられた最新の治療法であると詳述したあげく、最後にもういちど念を押している。曰く、「のぞむらくは、読者諸兄も、今日もはやなんのいわれもなき古き偏見を捨て、電気療法こそ、適切なるときに、適切なる方法で応用すれば、日々わたしたちを脅かす万病に効く、またとない治療法であることに相違ないことを知ってほしいものです」。

こうして再三、科学としての電気療法と、迷信としての動物磁気説との違いを言いつのれば言いつのるほど、じつは、両者が本質的なところでつながっているという事態が、却って浮かびあがってくるばかりである。なぜなら、なるほど、ガルバニ電流だとか、ファラデー方式だとか、それらしい電気の専門用語を使って説明してはいるものの、治療の生理学的プロセス、あるいは治療効果の仕組みについての全体的発想というのは、近代的な電気工学ないしは生理学の表象がもつ、分析的で微分的な言説によるというよりも、むしろ、伝統的な動物磁気説にもつながりかねない、有機体論的な身体一体観を基調にした、統合的で積分的な言説によっているからである。要するに、この時点では、見かけの違いとは裏腹に、動物磁気説も電気療法も、ともに「生成力をもった流体＝エーテル説」を必ずしも脱しきってはいないからだ。とどのつまり、一九世紀後半に至るまで、生成力をもった流体と、生命力と、電気エネルギーとは同義だったのである。

そうであれば、さらに直接的な試みがでてくるのも当然であった。一八八二年、同じく『ガルテンラウベ』誌に掲載された科学記事「園芸と農業における電気利用」は、先年ロンドンでベルリンの技術者W・ジーメンスがおこなった実験を紹介している。二メートル離れた電気照明の「エネルギー効果」を受けたバナナは、自然光によるものよりも一房が三四キログラムも重く、一本が非常に大きく、香りが高く、味がよかった。エレクトリック・バナナ計画である。また、メロンでも同様の結果がえられたという。記事は総括してみせる。「将来は、園芸家が、電気を非常に役立つ補助手段であると認める時代がくるだろう」。誇らしげに自国の科学力を誇示するこの記事の筆者の見立てには、たんなる夢想で読者を愚弄しようという悪意は、みじんも感じられない。至極まじめなのである。

エレクトリック・バナナ計画の夢はふくらむ。一八九三年、これまた『ガルテンラウベ』誌に掲載された記事「進歩するエレクトロ文化」では、植物の発育促進のためのさまざまな試行錯誤が、科学的にレポートされているのだ。一八世紀、ガルディーニが「苗床の上に金属線を張り」、「大気中の電気をキャッチ」すると、苗の発育が著しく遅れたが、取り外すと発育はもちなおした。さらに、一八七八年、グランドゥーが金属網をもちいて同様の結果をえた実験も報告されている。こうした一連の「エレクトロ園芸」に関して、科学ジャーナリストであるY・ファルケンホルストの視点は、あくまでも「客観的」であることを装っている。曰く、「電気と木、草木、野菜の発育とのあいだに、なんらかの相互関係があることは事実である。したがって、この不思議なパワーを注入することで、発育を促進させることは可能なことだ。われわれの使命は、研究をかさねてこの相互関係の正体を見極めることである」［傍点筆者］。

「学問的」使命感を強調しつつ、記事は、さらに「不思議なパワー」である電気のもつ「生成力」の事例をあげている。ロンドンではスピッチニューが、ライ麦、えんどう豆、ヒマワリの種子をあらかじめ電流にさらしておいて、発芽状況を観察している。パウリンはふたつの方法をとっている。まずは種子に処置をほどこす。ホイール巻きのビンに湿った種子を入れ、コルク栓から導線を挿入し電流をながしこみ、種子によって時間と回数を変え統計をとるのである。二番目の方法は、発育中の植物本体に電流をながすものだ。銅極と亜鉛極を地中に差し、「地面をいわばガルバニの蓄電池と化す」。あるいは、土に発電機からの電流を直接ながす方法もある。

しかし、コスト面からすると、大気中の電気を利用する方法がもっとも合理的である。一八四八年、ベッケンシュタイナーが「避雷針状の棒」を立て、「地中に電流をながして植物の根に及ぼす作用」を観察しようとした。結果的には、この試みは失敗したが、生成力をもった大気中のパワーを利用しようという発想そのものは延命した。一八九一年、改良型「土壌磁気化装置《ゲオマグネティフェール》」が再登場するのである【図04】。高さ八・五メートルの木製の柱のてっぺんに、直径四ミリメートル長さ五〇センチメートルの銅線五本を、ほうき状にした「収電器」をとりつける。さらに、二メートル間隔で張りめぐらせた鉄線網を、地中数十センチメートルに埋設する。そしてこの鉄線網を、収電器に接続するというものである。実験報告によると、ジャガイモ畑で一ヘクタールあたりの収穫量は一・五倍に増加し、栄養価もデンプンが約一・二倍に増えており、ホウレン草の発育も極端によいというものであった。また高さ一四メートルの装置をワイン用ブドウ畑で実験した結果、より甘くて見事なブドウが収穫されたというのである。

【図04】改良された土壌磁気化装置。大気中の電気エネルギーを捕らえて土壌に送りこみ、作物の生育促進・品質向上を図ろうとする。

客観性を旨とする、この「良心的な」科学ジャーナリストは、終始、実験データにもとづき、決して恣意におちいらないように努めている。しかし、その疑似科学的な統語法にもかかわらず、そこに展開されている実験の基本構造は、動物磁気説の系譜の基本構造とまったく無縁なものたりえているわけではない。それは、記者や実験者の個人的企図の特性というよりは、そうした個別のアイデアや発言を生じさせる、一九世紀の文化的無意識そのものの問題である。電気あるいは電気エネルギーをめぐるさまざまな実験や思いつきは、このように多様なばかりか、場合によっては荒唐無稽にすら見える。しかしそれは、電気というこの新しいエネルギー現象が、一九世紀、じつは、それに先行する時代の動物磁気説などといった、旧来の価値基準や判断基準の母斑を負ってしか生じてこざるをえないという表象構造の痕跡なのである【図05】。

電気とエーテル的流体という類縁的イメージには、この他にもいろいろなバリエーションがある。今日から見ると、おもわず冗談とみまごうばかりの試みもあるが、いずれもその目的は真摯なもので、当時の科学的言説にそった空想力の射程距離を思いこそすれ、決して一笑に付してしまえるものではない。むしろ、電気エネルギーを照明に転用するという技術すら、実際には、そんなさまざまありえた半空想的な可能性のうちの、ひとつの選択肢にすぎなかったという視点をもつことが必要だろう。

【図05】1899年AEF社製「電球」の広告図版。ユーゲント様式の流麗な植物的曲線で表象される電気エネルギー。有機体と無機体の奇妙な混淆イメージからなる図像。

テクノロジーや科学技術が、人間の知覚あるいは社会の美的基準にどのような影響を及ぼすか。これは重要な問いである。一九世紀、鉄道が出現したことにより、旅行そのもののもつ文化的意味が変化したばかりか、空間を知覚するしかたも変容をこうむった。洗濯機が実用化されることにより、洗濯がもっていた共同体的機能だけでなく清潔という概念にまで変化が及んだ。ここではなるほど、ハードウェアとしての旧技術が、ハードウェアとしての新技術にどのような影響をあたえるかということも大切である。しかしそれ以上に、ハードウェアとしての技術が、いかなるイメージでもって認識されるか。ひとびとが技術に対して、いかなる文化的含意を抱くようになるか。つまり、ハードウェアとしての技術がソフトウェアとして了解されていくプロセス。これが見逃せないのである。

ひとつのアイテムについて文化的含意がどのように形成されていくかを見るとき、決して無視できないのが、憶測、うわさ、予見といったものである。ひとつの真正な科学知識よりも、こうした半可通な情報や断片的な知識がくりかえされるほうが、影響力ははるかに大きいのである。半可通だからといって、でたらめなわけではない。むしろその言表行為は専門用語を多用し、最新情報に敏感であり、啓蒙的ですらある。正確を旨としており、誤謬ではないのだ。しかしそれでいて、その正確さは断片的なものにとどまっている。個々の情報の断片や用語それ自体は正確でありながら、ある種の文脈のなかに組みこまれていくうちに、情報内容とは本来ほとんど無縁の価値体系、たとえば市民的道徳とか、神話のイメージ体系とか、進歩信仰といった文化的装置のネットワークに絡めとられていくことになる。こうしてできあがってくる科学情報と道徳体系の奇妙な混淆状態のテキストが、一九世紀のメディアにのって、ドイツ市民社会に急速に浸透していくのである。

こうした科学的言説には、時代のあらゆる願望や信仰や謬見がつまっており、表象文化論的に観察するならば、一九世紀ドイツ市民社会の「欲望の修辞学」がみえてくる。

良心的科学ジャーナリストがエレクトリック・バナナ計画を報じてから、およそ二〇年後の一九一〇年、総合電気会社ＡＥＧは自社のイメージ戦略に、二〇世紀ドイツを代表する工業デザイナー、ペーター・ベーレンスによるまったく新しい理念を導入した。電気製品をアピールするのに、神話世界や女性の身体性のイメージ力に頼ってきたこれまでの宣伝表現をやめ、デザインを幾何学的でグラフィカルなものに、いっせいに変更したのである【図06】。なるほどこれは、表現者ベーレンスのデザイナー感覚からくる個人的戦略である。しかしながら、その戦略を可能にした背景には、電気エネルギーがもはや神話に比喩をもとめずとも、ひろく社会全般に了解されうるものになっていたという文化状況があったればこそである。一九世紀末から二〇世紀初頭にかけて、電気のイメージに関する文化的無意識は、ひそかに、しかし確実に転換していったのである。そして、気がついてみると、いつのまにかベルリン市内の各家庭ではすべて、石油ランプやガス照明から、電気照明に切り替えられており、ガスレンジや氷室から、電気レンジや冷蔵庫に切り替えられていたのであった。

【図06】有機体から幾何学模様へ。1908年に改変されたAEG社ロゴマーク。工業デザイナー、ペーター・ベーレンスの意匠による。

　先端技術の日用品を「モノ」と呼ぶならば、およそ、わたしたちの生活空間に溢れているモノはすべて、こうした現代の神話構造から逃れられてはいない。したがって、家電品もまた神話構造から逃れられてはいない。モノそのものの内容によってではなく、モノを語る語り口によって、神話化されているのである。暮らしの利便性や合理性、スピードアップや携帯性、軽量化やユーザビリティー、こうした言葉たちによって、機械仕掛けは機械仕掛けでありながら、機械仕掛け以上のものになるのであり、家電品は家電品でありながら、家電品以上のものになる。未来志向の便利な優れものたち、という現代の神話が誕生してくるのだ。

確かに、現代の神話とは、便利なり功利なり、ある種のメッセージをわたしたちに送りとどけてくれる。しかし、それは、なにかを解き明かしてくれる説話の体系である以上に、なにかを隠蔽する表象体系として機能している。なにかが獲得されるのとひきかえに、なにかが失われることは語られないのだ。一九一〇年代、モダンな台所用家電品の登場を告げた米国の科学雑誌は、その便利な未来的機能を語りはしたが、決して、伝統的な台所用品の有意味性を回顧することにページを割きはしなかった。家電品につつまれたモダンライフの快適さを語りはしたが、かつてあった暮らしの実相を語りはしなかった。もちろん、わたしたちは、そうした便利の恩恵に浴しているのであり、その恩恵の外部における暮らしがなりたたないことも直観している。

家電品があってはじめてなりたつモダンライフ。すなわち、わが家はエレキテル。そう呼びたくもなる環境は、もはや、わたしたちにとり「第二の自然」になってしまっている。しかも、そこからの脱出の試みが、決して容易でないことも薄々感じている。しかし、好むと好まざるとにかかわらず、そうした便利の神話圏に囲いこまれているのならば、せめて、自分の正確な立ち位置ぐらいは知っておきたいと思う。新たな便利を獲得したかわりに、なにを手放したのか。なにとひきかえにしたから、いまここに日々の暮らしが置かれているのか。それは知っておきたいと思う。認識こそすべての発端になるからである。

第二章　キッチン工場——美味しい家電品

羊たちの食卓

ふたりの男の食卓を見てみよう。まずは、森の住人の食卓である。

ヘンリー・D・ソロー『森の生活　ウォールデン』(一八五四年)で、男は述懐している。曰く、「私」は二年間、ひとりで森に住んだ。その経験から、必要な食料を手に入れるには、「信じがたいほどわずかな労力で足りること」、人間というのは、「動物とおなじ程度の簡単な食事」をとっていても、健康と体力を維持できることを知った。「もぎたてのスイート・コーンを何本でも好きなだけゆでて塩味をつけて食べること」にも増して、「良識ある人間がいったいなにを望むというのであろうか?」。パンを焼くのもそうだ。「たいていの主婦たち」は力説したものだ。「イーストなしの安全でからだにいいパンなんてあり得ない」。ところが、イースト菌すら「必須の成分ではない」ことを、私は身をもって知った。「われわれ」は、「簡素独立の生活からすっかり離れてしまった」。普段から、「茶、コーヒー、バター、ミルク、牛肉などを飲み食いしている」から、「それを買うために」、「必死で働くほか」ない。必死で働けば、「体力の消耗を補うために必死で食べなくてはならない——といったぐあいで」、「事態は少しも好転しないだけでなく、かえってわるくなるばかりではないか」。要するに、人間は、「満足することがない」ばかりか、満ち足りぬ思いを補おうと、「いのちをすり減らしている」だけのことである。このように嘆じたあと、森の住人は、最後のひとことをつぶやいている。曰く、「人間は、必需品が欠けているためではなく、贅沢品が欠けているために、しばしば飢え死にしそうになっている」。

もうひとりの食卓をのぞいてみよう。都会の事件屋稼業の食卓である。

レイモンド・チャンドラー『さらば愛しき女よ』（一九四〇年）で、探偵フィリップ・マーロウは腹を空かす。「おれ」は、裏路地を歩きまわり、尾行されていないか見さだめた。誰も尾《つ》けていないことを確かめてから、「油の匂いのしない料理店を探した」。場末の料理店があった。給仕は、「二十五セントでおれをピストルで撃ち、七十五セントでおれの咽喉を切り、一ドル五十セントでおれをコンクリートの樽《たる》につめて海に捨てそうな男だった」。そのうえ、当然のことながら、「八十五セントの定食」は「捨てられた郵便行嚢《こうのう》のような味だった」。

『かわいい女』（一九四九年）でも、男はメシを食う。おれは、「サウザンド・オークスの近くで晩飯を食べた」。「まずい、忙しい食事だった」。無論、主人は無愛想だった。「食べたら、すぐ、出て行ってもらおう。商売が忙しいんだ。コーヒーを二杯も飲まれちゃあ、かないませんね。待っているお客がいるんですぜ」。そう言いたげな顔だった。男は自問した。「なぜ、みんな、ここで食事をするのであろう。家庭で食べればいいではないか」。男は自答した。「なに、君と同じことさ。食いもの屋を牛耳っている親分に、うまい汁を吸われているんだ」。そして、男は自虐した。「また、始まったな。今夜はどうかしているぞ。マーロウ」。

ふたりの男の食卓である。ひとりは森の住人のそれ、ひとりは都会の事件屋稼業のそれ。前者は、ものごとの本質を求め、妥協を許さぬ思索家ソローの体験記であり、後者は、都会の孤独を甘受するハードボイルドの傑作である。かたや、いっさいの華美を排し、簡素で、自然に即した生活を送ることで、一九世紀米国市民社会の虚栄を、冷徹に見つめようとしたソロー。かたや、人間の弱さに傷つきながらも、汚濁を飲み干し、悪徳をあえて引受けることで、二〇世紀米国市民社会の欺瞞を、逆照射しようとしたチャンドラー。それぞれ向かう方向性は違っているが、いずれも、平穏で快適ながらも、凡庸で平均的な市民社会の暮らしから、意を決して身を引いている点は変わらない。つまりは、ふたりの食卓が宿しているのは、それぞれの時代が称揚するモダンライフにつきつけたアンチテーゼに他ならない。

さて、モダンライフの基盤とはなにか。確かに、近代都市空間や契約社会、公共インフラや情報通信システムなどなど、近代的な生活を保証する装置はさまざまある。しかし、こと個人の暮らしという微視的な観点については、家庭と固有の私的空間というのが、もっとも身近で、もっとも重要な基盤といえよう。つまりは、「快適なわが家」という社会装置である。無論、快適なわが家というものが存在論的な真理かどうかは分からない。ありていにいえば、そうであっても、そうでなくても、じつは構わない。重要なのは、それがモダンライフにとって真理であると「信じられてきた」という事実である。自分の暮らしは、快適なわが家あってこそだ。こうした思いが、できごととして真理かどうかではなく、真理であると信じられてきたこと。そして、そうした信仰なり思いが、共通認識として、社会全般にひろく共有されていること。それが、モダンライフを成立させてきた基盤だ。つまりは、モダンライフの実相とは、「快適なわが家神話」という価値の枠組みによって、かなりの部分が、ゆるぎがたく構成されているということである。

もちろん、誰しもまっとうに生きたいと願うものだ。欺瞞に満ちた一生よりも、真実あふれる暮らしを送りたい。しかし、誰もがみな、ソローのように仮借なき求道者になれるわけではないし、マーロウのように、都会の孤独を甘受することに耐えられるものでもない。無論、いつの時代も求道者はいる。一九七〇年代、対抗文化《カウンター・カルチャー》の時代、泥沼状態のベトナム戦争に呻吟する米国社会に背を向け、思想としてのドロップアウトを選択し、有機農法と自立した共同体をめざしたヒッピーたちはコミューンを作った。あるいはまた、いうまでもなく、いつの時代も孤独な都会人はいる。高等遊民、独居老人、ホームレス、都会派自由人などなど。あげてゆけば枚挙にいとまがない。だが、歴史の実相として見ると、意識的に選びとるにせよ、やむなくそうならざるをえなかったにせよ、そうした、市民社会の規範に背を向けた社会集団が、ひとつの社会の中心原理になったことは一度もない。つねに、社会の中心原理から疎外され、周辺に追いやられた少数派であるしかなかった。つまりは、これを逆にいうならば、社会の中心原理はついぞゆるがなかったということだ。

なるほど、欺瞞を嫌い真実を希求しつつも、しかし、あいかわらず、仮借なき求道者になりきることもできず、都会の孤独を引きうける勇気もなく、平穏かつ凡庸に、みずからの暮らしを快適であると信じ、市民社会によって規範と是認されたところを踏み外さない。そうした暮らしを送る大多数のひとびと、つまりは平均的市民。そんな集団が、モダンライフの中心原理でありつづけたということである。

平均的市民すなわち、世の大半の都市型住人たちは、大抵の場合、臆病で、自己決定を躊躇しがちな社会集団だった。ときに社会悪に対して、義憤を感じることはあるだろうが、しかし、自分の暮らしと生命を賭けてまで、改革の声をあげつづけるかというと、必ずしもそうではない。誰もがみな、求道者やアウトローになれるわけでもないのだ。そんな、いわゆる、ごく普通の善良な市民たちが、社会の中心原理となってきていた。ツァラトゥストラならば、傲慢かも知れぬが、「羊の群れ」と喝破したであろうひとびとだ。いうまでもなく、二〇世紀の平均的市民すなわち、わたしたち自身のことである。

そんな平均的市民たる、わたしたちの食卓はといえば、かたや、ソローの食卓を仮借なきものと疎《うと》んじて一方の極と遠望し、かたや、私立探偵の食卓を陰惨なものと断じてもう一方の極と遠ざけ、ちょうど、両極のなかほどあたりに、微温的に、中途半端に浮遊している。凡庸ながらも平穏で、愛情に満ちた、家族だけのおだやかな食卓。これが、わたしたちの食卓の原像に他ならない。二〇世紀モダンライフの食卓、それは羊たちの食卓だったのである。

モダンな主婦と電気

羊たちの食卓をととのえる作業を家事という。

合理的な家事能力、あるいは家人を気づかう思い。もちろん、こうしたものは、それなりに古くから存在していた。そして、家庭の女性たちが、それらを継承するように要請されたことは間違いない。しかしながら、そうした機能は、二〇世紀型主婦すなわち「モダンな主婦」が身につけるべきものとされたとき、世紀初頭の科学技術や社会状況を背景にして、読みかえられていったのである。ある部分では、家事がもっていた旧来の実相を引きつぎながらも、またある部分では、これまでになかったまったく新しい意味を賦与されていったのだ。それは、一九世紀的な主婦を二〇世紀的な主婦に読みかえる作業といってもよい。この新しい意味賦与の試みこそ、モダンな主婦を誕生させた表象的仕掛けである。

かつて、料理や家事は家族への愛情表現でもなんでもなかった。ただ煩わしいだけのものだった。二〇世紀初頭まで、米国では料理とは、そして家事とは、家政婦《メイド》や召使い《サーバント》がこなすべきなにものかであって、中流階級以上の女主人《ホステス》は、みずから主体として家事にこまかく気を配ることは少なかった。ときに家事をしなくてはならないことがあったとしても、それは煩わしく、なるべく早くすませることが良いなにものかでしかなかった。だからといって、彼女たちに愛情が欠けていたとはいえない。

こうした状況を反映した表象は、いたるところに発見できる。たとえば、家庭用品や家事の道具の宣伝広告である。ルース・シュワルツ・コーワンらの歴史研究によれば、おおむね第一次世界大戦を境にして、米国の家庭用品や家電品の広告宣伝から、家政婦の姿が消えてゆくことになる。それまでの広告では、「上品な主婦」というものは、みずから家事をこなすというよりも、むしろ、家政婦や召使いの仕事ぶりを監督する立場として描かれてきた。あるいは、洗剤やクレンザー、掃除道具や台所用品などの広告においては、そもそも一家の女主人が登場しないことの方が多かった【図07】。それに対して、第一次世界大戦以降、広告のなかでも、主婦は家事を自分でやる存在として描

【図07】1908年英国の総合雑誌『タトラー』に掲載された殺菌洗浄剤サニタスの広告。家事の実務を担当するのは家政婦だった。

かれてくるのである【図08】。

国民経済環境も変わった。一九二〇年代、米国では絶対移民制限法施行（一九二四年）や世界大恐慌（一九二九〜三三年）がきっかけとなって、家政婦や召使いを雇い入れることがますます困難になった。その結果、女主人みずからが家事を「代行」しなくてはならない家庭が急造した。

こうした時代状況が生みおとした新しいタイプの女性たちを、さまざまなメディアがステレオタイプ化して表現しようとした。時代の新傾向を代表する、恰好のイコンだったからである。一例をあげよう、米国でも屈指の女性向け家庭雑誌『レディース・ホーム・ジャーナル』一九三三年一月号に掲載された「一九三三年の世界」という一文である。そのなかで、ジャーナリストのアン・オハラ・マコーマック女史は、次のように戯画化しているのである。曰く、

> 大学を卒業した女性でも、最近は、安月給の三流弁護士のなんでもやる家政婦妻《メイド・オブ・オール・ワーク・ワイフ》として自由を奪われ、気苦労の絶えぬ生活を送らなくてはならなくなってしまいました。

なんでもやる家政婦妻——いうまでもなく、他人まかせにせず、家事はすべて自分ですませる家庭の

【図08】掃除をする家政婦妻。1927年米国の家庭雑誌『上手な家事』に掲載されたゼネラルエレクトリック社製電気掃除機の広告。

主婦のことだ。二〇世紀中葉以降、米国社会において、主婦の規範的なスタイルとして是認されてゆくことになる原像である。

なんでもやる家政婦妻という表現は、二〇世紀型主婦が根本的にかかえこむことになったジレンマをよく表している。それは単に、主婦がみずから家事をするということだけを意味しているのではない。それでは、「みずからが家政婦になる」ということを言いかえているにすぎない。そうではないのだ。この表現の慧眼は次の点にある。それは、この新しい主婦像が、じつはふたつの違った課題を同時に果たさなくてはならないという運命を背負ってしまった、という構図を示唆している点にある。

新しい主婦に課せられた、ふたつの違った課題とはなになのか？　それはまず第一に、これまでの家政婦がこなしてきたのと同等の家事能力をもたなくてはならないという課題である。そして第二に、これまでの女主人が果たしてきた課題、すなわち、妻として、母として、一家の実践的家長として果たしてきた役割を、ひきつづき、あわせもたなくてはならないという課題である。

これまでならば、女性は「主婦」とはいえ、たとえばホームパーティーを開くとき、あるいは来客があったときには、食事や喫茶などの物理的接待は家政婦にまかせればよかった。そして、自分は招待主として女主人《ホステス》の役割に徹すればよかった。なにせ、料理は家政婦が作ってくれる。パーティー会場は召使いがセッティングしてくれるからだ。そこには、契約関係にもとづく、ある種の明快な家事の役割分担があった。それに対して、二〇世紀型主婦になると、女性は「主婦」として、物理的接待の担い手として実際に働かなくてはならない。と同時に、ホームパーティーの女主人役も果たさなくてはならなくなった。すなわち、これまであった家庭内分業制度は崩れ、すべてをひとりでまかなわなくてはならなくなったのである。

そうした社会的傾向を背景に、脚光を浴びるようになったのが、「新しい家事の道具」たちというハードウェアである。便利で効率的な家電品だ。さらに、家事の新しい意味づけも必要とされた。たんに「煩わしいもの」であり続けては、家事を継続的にこなしてゆくことは社会心理的にも困難だったからだ。そこで、前面に押しだされてきたのが、「料理は愛情だ」や「家事は愛情表現である」という神話だった。愛する家族のためと思えば、いとわしい家事も「女の喜び」に変わりうるし、変えられるし、変えてゆかねばならない。こうした家庭と女性をめぐる価値の再編成がおこなわれてきたのである。家事を新しく意味づけしなおす「家事のソフトウェア」が、捏造されてきたのだ。もちろん、そのターゲットはあくまでも女性であり、決して男性ではなかった。

そして、歴史的にふりかえって、米国市民社会の現実を見ると、そうした神話は、陽気で手前勝手な価値観であることを中断して、まともな女性ならば恭順するのが当たり前の価値観として規範化されていったのである。モダンな主婦神話が、社会的拘束力をもちはじめたといってもよい。しかし、これはじつに重大な問題をふくんだできごとである。

さて規範とはなにか。それは、どういったものなのか。そもそも、規範であることになにか問題でもあるのか。もちろん、あるのである。規範というものの問題とは、おそらく次のようなものだ。

たとえば、家族に愛情をもつ主婦、家人をきづかう女性。そうした存在をよしとする考え方それ自体は、古来、どの時代でも、それなりにあったことだろう。なるほど、宗教的女性観や民俗学的身体観から、村落共同体的女性観や近代社会のジェンダー観にいたるまで、時代や文化圏により、文化的あるいは社会的記号性に多少の違いはあるものの、愛情あふれる女性を良きものとして追求する言説の系譜は絶えない。しかしながら、良きものであると目することと、良きものを規範化することとは、同じことではない。また、良きものを得る手立てを、人生の知恵として推奨することと、良きものを得る手立てのみを規範化することとは、これまた同じことではない。推奨はあくまでも推奨であって、選ぶ側に選択の余地がある。それに対して、規範化とは単なる推奨とは異なり、目された到達点あるいは設定された目標からの逸脱があった場合、その逸脱は矯正の対象となり、訓育《ディシプリン》の対象となり、それが達成されない場合、はなはだしいときには懲罰の対象にすらなるのである。

近世に淵源をもち、基本的には二〇世紀を通じて今日までつづいている、家族に無償の愛をそそぐ主婦という神話。その神話の「語り口」を見ると、「主婦の無償の愛」は、単に良きものであるにとどまることを許されず、無償の愛であるはずであり、また無償の愛でなければならぬものとして表象されてゆくのである。無償の愛は、文明社会にふさわしい姿、あるべき人間の姿として厳しく求められるのであり、わけても、あるべき女性の姿として規範化されていくのである。そして、こうして規範化されていく「主婦の無償の愛」神話は、近代的言説のネットワークの中で、さまざまな文化的根拠によって、打ち固められてゆくことになる。大きくは、近代産業社会における労働力再生産の場としての「家族制度」という言説の枠組みを背景にして、小さくは、家政学的視点や心理学用語といった近代科学の専門的知見に裏打ちされてゆくのである。古来あった呪術的女性の性愛観、あるいは中世風の錬金術的愛情観にかわり、一九世紀から二〇世紀、いわゆる科学の時代において、一方で、分析的な科学的言辞を身にまといつつ、他方で、超越論的愛情観という幻想を核にして、「主婦の無償の愛」神話は、家庭と女性をめぐるあらゆる表象の領野を蔽ってゆくのである【図09】。

そして、二〇世紀初頭、こうして規範化された「主婦の無償の愛」は、電気の時代、たったひとつの方途でしか実現されないと言いつのられてくる。すなわち、モダンな家事道具である家電品を使いこなすという方途でしか、あなたは本当のモダンな主婦にはなれない。こう言いつのられるのである。

無償の愛というのは、それ自体はありうるだろうし、また、本人が選びとったものならば、あっても構わないひとつの価値観である。しかし、それはいついかなるときでも正しく、超越的な、絶対的価値などではない。なるほど、よくできており上品ではあるが、たかだかひとつの限定的な価値にすぎない。そんな限定的で、断片的な価値を、あたかも、超越的で絶対的ななにものかででもあるかのように、めざすべき目標として設定し、恭順すべき規範として設定し、規範から逸脱したときには、なんらか制裁をもってするというのは、まことに手前勝手で迷惑なはなしである。

【図09】「主婦の無償の愛」。家族団らんの食卓は20世紀型マイホーム神話の中核をなす図像だった。家族制度の歴史に書き加えられた新しい神話の語り口。

モダンな主婦であることが規範化される。そうなるように訓育される。そして、その訓育のカリキュラムとは、二〇世紀電気の時代、他ならぬ家電品を使いこなすことだと言われる。多言は要しまい。

「モダンな主婦と電気」。それは、親愛なるさりげなさという見かけと、実際の利便性とは別問題として、近代の表象構造としては、まことに酷薄なる仕組みでできている。

以上をまとめると、モダンな主婦とは次のような存在といえる。女主人であると同時に家政婦であり、「家族への無償の愛」という規範（ソフトウェア）で倫理的に武装させられ、「家電品」という道具（ハードウェア）で身体的に武装させられた家庭人。これである。二〇世紀モダンライフの「快適なわが家」という神話は、こうしたモダンな主婦の存在を絶対条件としてのみ成立した表象世界なのである。

電気が家にやってきた

それは唐突にやってきた。

米国屈指のポピュラー系科学雑誌『サイエンティフィック・アメリカン』一九〇六年四月二八日号が、家電品の登場を報じている。「電気の新しい使い方あれこれ」と題された記事だ。

専門誌ではありながら、その勢いのすさまじさには、いささか驚きの色を隠せないでいる。冒頭の書き出しが印象的だ。曰く、「電気という不思議《ミステリアス》なエネルギーを、強く推奨するひとびとにとっても、産業界のあらゆる分野で、ここまで電気がひろく使われてきている現状は、まことに驚くべきものだ」。

しかも、単に、「これまで他のさまざまなエネルギーのものであった分野」を、「肩代わり」してきたばかりではない。電気は、「電気にしかできない新しい分野」を、「つぎつぎと生みだしてきている」のである。こうした事態がもっとも顕著にあらわれているのは、「目下、わたしたちの家庭内に、深く電気が侵入してきているという事実である」。このように言うのである。

ほんの一〇年前まで、その非物質性ゆえに、「目には見えない不思議な力」と呼ばれ、窃盗罪の対象にもならず、ドイツ帝国最高裁判所で被疑者に無罪判決までくだされた電気。紆余曲折をへた法律論争のすえ、帝国刑法にようやく刑事罰の対象として銘記されたのも、わずか六年前のことでしかない。つまりは、電気普及の黎明期。そんな端緒的段階においてすでに、工場や製造業で主要なエネルギー源として地歩をかためたと思いきや、たちまち、家庭のなかにまで侵入してきた。その早さは、文字通り、電光石火のそれであったということであろう【図10】。

表象文化論的に見逃せないのは、科学記事でありながら、電気を「不思議なエネルギー」と称している点だ。無論、専門的知見として不思議だというのではない。科学現象であるにもかかわらず、専門家ならぬ一般大衆により、往時、不思議よばわりされていたあの電気、という修辞的見立てである。つまり、数年前まで社会が共有していた電気表象、その残響を援用することによって、電気時代がやってきた速度感、唐突感をあらわしているのである。

では、実際のところ、どのような家電品が第一波として家庭内に侵入してきたのであろうか。記事はあげている。曰く、「電気扇風機《エレクトリック・ファン》が登場し、次いでミシン用電気動力装置《ソーイングマシン・モーター》があらわれるやいなや、電気照明《エレクトリック・ランプ》がものめずらしかった時代など、あっという間に過ぎ去ってしまった」。それにつづいて、「ヘアドライヤー」や「換気扇」、「ナイフ研磨機械」や「電気式髪乾燥機械」などが、急速にひろまっている。なかでも、ここ数年来、とりわけ注目を集めているのは「電気温熱器具《エレクトリック・ヒーティングデバイス》」である。たとえば、「電気ミルク温熱器や電気湯沸かし器」は、「託児所や病室」では、もはや「必需品」となっており、「取扱いが簡単な電気パッド」が登場するに及んで、「湯たんぽ」がすっかりお株を奪われそうな勢いである。他にもまだある。「電気で温めるヘア・アイロン」、「葉巻用電気ライター」、「加熱器付き卓上鍋《チャフィング・ディッシュ》」などといったものは、「現在使われている数多くの電気温熱器具のうち」の「ほんの一例にすぎない」。

【図10】1911年AEG社製「電気温熱器と電気調理器」の広告ポスター。台所から居間・洗面所までマイホームにおける日常的身ぶりは総電化してゆく。

もちろん、なんでもやる家政婦妻にとって、とりわけうれしい福音もある。「電気ごて《エレクトリック・フラットアイロン》」だ。なぜなら、「ご婦人方」には、「薄手のシャツブラウスやレースカラー、レースの袖口をアイロン掛けするのにもってこいだからだ」。「というのも」——といって、記事は念を押している——「大抵の場合、まかせようと思っても、洗濯女《ラウンドレス》は注意力散漫なものだからだ」。科学記事としてはいわずもがなのこの念押しもまた興味深い。家政婦なきあと、なんでもひとりで家事をこなさねばならぬモダンな主婦の実相を、間接的にとはいえ、みごとに反映しているからである。

記事はこのように、居間や作業部屋、洗濯室や寝室など、家庭内のさまざまな空間で使われている家電品を列挙してゆく。しかしながら、なかでもとりわけ記事が注目しているのは、じつは台所であった。曰く、電気器具にとってまたとない分野《エクセレント》といえば、それは台所である。

このように断言しているのだ。記事はつづけている。「これまでにも、数多くの電気調理器具が発明されている」。たとえば、「電気レンジ」は「台所備品《キッチン・ファアーニチャ》のささやかなひとつ」である。その最大の魅力といえば、「スイッチに触るだけで、いつでもすぐに使える状態にあり」、なおかつ、「調理がすみ次第、たちどころに出力を切ることができる点だ」。従来の「石炭レンジ」では、火力が使えるようになるまで、「エネルギーを無駄に消費」しなくてはならないが、それに比べると、電気レンジの場合、「はるかに出費を抑えることができる」。「最大の競合相手」である「ガスレンジ」と比べても、電気レンジの方が優れている。なぜなら、「マッチを使わずにすむ」し、「なにより嫌な臭いがしない」のだ。たとえば、「小型電気肉焼き器《エレクトリック・ブロイラー》」でも、「中型ステーキ」を焼くのに「たった二セントしかかからない」。そのうえ、「電気調理器」ならば、周囲に「煤煙や灰がとびちるのを気にする必要がない」。「調理時の臭い」は、「換気扇が吸いとってくれる」。調理時間も短縮できる。ちなみに、「丸ごとのチキン」は「一五分もあればローストでき」、「ラムチョップ」などは、「ものの三分もあれば焼きあがる」。こうして手早く調理すれば、「肉汁も失われることがない」。なにからなにまで、良いことづくめだ。まだある。「小型電気冷蔵庫」があれば、「いちいち氷塊を家に運びこむ」「やっかいな手間をかけずにすむだろう」。いずれも、「台所仕事《キッチンワーク》にとって」、「電気がいかに便利で」、「適応能力に優れているか」ということを示す「良い例」である。このように、手放しで称揚するのである。

なにからなにまでバラ色のビジョンを提示しながら、他方で、家庭の電化がようやく緒についたばかりであることを、科学記事は告げている。曰く、「電源出力装置《エレクトリック・パワーデバイス》が発展すれば」、「台所」には「さまざまな利益がもたらされる」ことは間違いない。だが、「これまでのところ」、「そのすべてが実現されているわけではない」。まだまだやるべきことは多いのだ。たとえば、ホテルのレストランや大規模な食堂などでは、すでに新機軸の家電品が稼動している。まずは「電動式キャベツ・スライサー」【図11】がそれであり、「電動ジャガイモ皮むき機」【図12】がそれだ。ちなみに、後者の機械は、芽だけは別であるが、ジャガイモの皮をすっかりむいてくれる。「残された仕事」は、「カットすることだけである」。これらは、「電力を使ってできる」「さまざまな応用例のうちのほんの一部」にすぎない。「現在ある台所用電気式省力化器具《エレクトリック・レイバーセービング・デバイス》の顔ぶれに、この数年以内に、多くの新顔が加わることは間違いない」し、またそうしなければならない。このように記事は、手綱を緩めてはいない。しかしながら、そうではあ

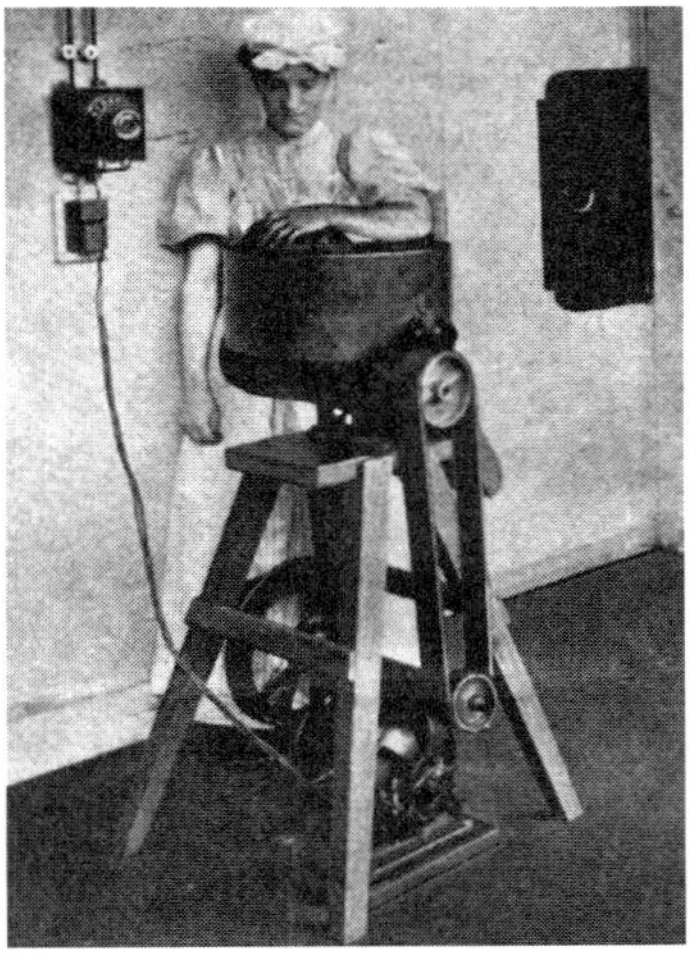

【図11】「電動式キャベツ・スライサー」。家電品というよりは大型食堂などに置く「機械」というイメージ。パッケージ化されていないむき出しの機械仕掛け。

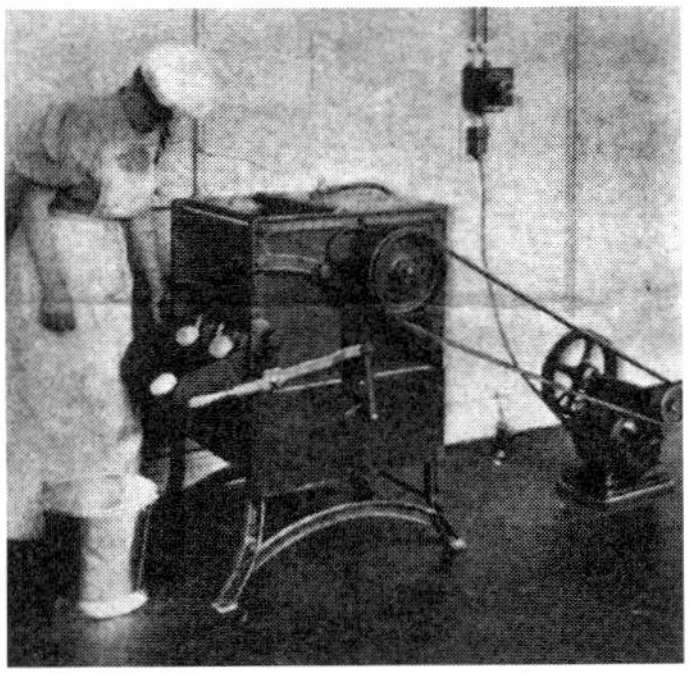

【図12】「電動ジャガイモ皮むき機」。電気式駆動モーターはいまだに「外付け式」。コンパクトという概念とは乖離した設計思想。家電品前夜のシルエット。

るものの、家庭の電化にかんして台所空間こそが、もっとも重要な場所であるという認識は変わらない。曰く、

台所というのは家庭の工場《ワークショップ》であり、省力化《レイバーセービング》する道具が進出すべき、絶好の機会を提供する場所である。

こう総括してみせるのである。まことに興味深い記事である。モダンライフをめぐる時代の欲望が、あまさずテキストを覆いつくしている。多言は要しまい。快適なわが家と羊たちの食卓、家族にたいする無償の愛で調理する主婦。煩わしい家事・調理を省力化してくれる家電品たち。すべて揃っている。家族の食卓をととのえるという、それ自体は古くからある日常的身振り《ハビトウス》も、一九世紀までにあった家事をめぐる価値の枠組みからズレて、二〇世紀型「電気の時代」にふさわしい、モダンライフの表象世界のなかへ水平移動しはじめているのである。

なかでも見逃せないのは、台所空間を「工場」と見立てる視点であり、そこに導入されるべき哲理として、「省力化」という概念を使っている点である。台所は工場であらねばならず、家事・調理は省力化されねばならない。こうした見立てが、この科学記事の表象基盤となっている。この点が見逃せないのである。

新しい指南役

家電品は、智恵の伝承を断ちきった。

新しい家事の道具たちは、二〇世紀初頭、ほとんどが電化製品や、そうでなくとも科学技術に立脚した、見たことも聞いたこともないような道具たちであった。たとえば、電気洗濯機であり、電気レンジであり、あるいは電気暖房器であり、余熱調理器たちである。なるほど、これらの道具たちは便利なものだった。しかし、そこに大きな問題が立ちはだかった。いわゆる「おばあちゃんの智恵」が、役立たないのである。

米国屈指の主婦向け家庭雑誌『上手な家事《グッド・ハウスキーピング》』が、モダンな家電品の登場により、伝統的な智恵の伝承というものが危機に瀕しているという事態を語っている。同誌一九三八年九月号に掲載された「一番見事なパイ」という記事である。冒頭の書き出しが印象的だ。曰く、「かつてパイ作りは、家事の中でもっとも難しい仕事と考えられていました」。「私」も母から、いろいろと秘訣を教わったものです。なにせ、「私の母はパイ作りの天才でしたので」。「しかし」――と記事はつづける。曰く、

> しかし、さまざまな伝統的な手法と同じく、母のこの手法も過去のものになりました。温度自動調節機能をもったモダンなオーブン。改良された調理器具や食材――見事に調合されたパイ生地キット。こうしたモダンな発明品が登場して、今やパイ作りに、秘伝の手法は必要でなくなりました[傍点筆者]。

このように断言するのである。かつて「秘伝の手法」は、祖母から母へ、母から娘へと、てづから伝えられてゆくものだった。ところが、二〇世紀初頭、まったく新しい電気調理器が登場してきた、そして、それに応じて、まったく新しい調理法が必要になった。その結果、「伝統的な手法」も「秘伝の手法」も、まったく通用しなくなってしまった。こういうのである。

新しい家事の道具たちはいずれも新規なものばかりである。大抵の場合、一九世紀から継承されてきた伝統的な家事の知識をもってしては、太刀打ちできない代物だった。それは、まったく新しいメカニズムたちであったがゆえに、たとえば、母親や祖母が身につけてきた生活の知恵が、ほとんど役に立たなかったのである。なるほど、新しい家事の主体として位置づけられた主婦が、「できる女」あるいは「できる主婦」と称揚されるためには、なによりもまず、こうした「モダンな道具」たち、とりわけ台所用家電品を使いこなせなくてはならない。しかし、電気洗濯機にせよ電気レンジにせよ、かつて母たちも祖母たちも見知らぬものばかりである。若い主婦たちは家電品の前に立ちつくした。

そこで必要になったのが、主婦に対する技術教育だった。この道具はどのように使うのか？　この道具はどのように使ったら、もっとも効率よく機能させられるのか？　いわば技術的マニュアルの伝授だ。そこで、さまざまな指南役が登場することになった。では、伝統的な智恵袋にかわる新しい指南役たちとは、いったい誰なのであろうか。それは、大きく分けて四つある。

新しい指南役の第一は講習会である。

特異なB級感をもつポピュラー系科学雑誌『イラストレーテッド・ワールド』一九一六年五月号が、これを報じている。「電気主婦《エレクトリック・ハウスワイフ》のための学校」と題された記事だ。今般、ニューヨーク市に、家電品の使い方を教える「学校」ができたというのである【図13】。冒頭に曰く、「家事労働は退屈で骨の折れるものだ。そんな重労働を和らげるには」、「市場に登場した数多くの電気器具が役立つ」。ところが、これらはなじみのないものばかりだ。そこで、「こうした情報」を「ニューヨーク市の女性たちに伝えるため」、「東海岸地区の製造各社」が、「すべての女性を対象にして、無料の講習会と実演会を毎日開催している」というのである。

【図13】ニューヨーク在住の女性向けに開講された無料講習会の会場風景。都市化によって生まれた大衆社会における新しい智恵の伝承スタイル。

カリキュラムはこうだ。「毎日ひとつの電気器具をとりあげ」、それを使えばどんなことができるのかを、あまさず総合的に教える。ある日は、「オーブンとグリル付きの電気レンジ」を取りあげる。次の日には、「電動パーコレーターや加熱器付き卓上鍋《チャフティング・ディッシュ》を紹介する」。「じょうずに淹れたコーヒーや、美味しい料理を供したりもする」。いちどに何人もの係員が調理して、それぞれの電気器具が、いかに美味しい料理を作ることができるかを「実演」してみせ、参加者には、「目の前で調理したものを試食してもらう」。それだけではない。家計への貢献度も教える、会場には「メーターが一基置いてあり、総消費電力を表示してゆく」。「一日の調理」が終わったら、「それぞれの品目ごとにかかった電気料金が割られ、計算される」。計算結果を示して、「ガスレンジや石炭かまどに比べて、電気レンジの方が経済的に有利であることを、生徒たちに納得させる」というわけだ。

新しい指南役の第二はセールスマンである。

ウェスティングハウス社といえば、米国屈指の家電品メーカーである。同社が出している雑誌に『ウェスティングハウス・インターナショナル』というものがある。「全世界の電機工業向け雑誌」と銘打たれた月刊誌だ。同誌一九二〇年一一月号に、「魅力的な陳列でセールスマンの収益も増える」という記事が掲載された。自社セールスマンに、販売マニュアルを教える内容になっている。記事のテーマは、商品見本をつめこんだ「携帯用トランク」についてだ。「トランクの重さは一六キログラムで、もちやすい重さがよい」。「パーコレーター、標準型トースター、両面焼きトースター、三キログラム型アイロン、温熱パッド、アイロン本体」を詰める。内張の生地は「紫色のベルベット裏地」が最適だ。「実験の結果、とりわけ人工照明のもとでもっとも商品が映える色彩である」からだ云々。こういった内容になっている。記事のポイントは、セールスマンのもっとも重要な役割は、最新家電品の機能と使い方を、とりわけ地方在住の主婦たちに、懇切丁寧に説明することだと指示している点である。すなわち、セールスマンの役割、それは「祖母」のかわりを果たすことだというのである【図14】。

セールスマンは祖母のかわりである。この使命を明確に述べているのが、『ウェスティングハウス・インターナショナル』一九二一年一月号だ。「電気が主婦を支援する」と題された記事である。記事の要点はこうだ。すなわち、「もはや家事は、これまでのやりかたではたちゆかない」。これである。たとえば、「およそ進歩的《プログレッシブ》ビジネスマンならば、いついかなるときでも、仕事の経費《コスト》を節約しようと努めるものである」。「計算機やカード式索引術であれ、タイプライターや複写機であれ、鉛筆削りやその他の器具であれ、それらが時間を節約したり、仕事の経費を抑えるのに役立つと思えば、躊躇なくそれらを購入するだろう」し、「それらを使うことによって、まわりに自分を実務的だと印象づけ、その結果、もっと仕事が増えるだろうと思えば、間違いなくそれらを購入するだろう」。まず、このように、自社セールスマンがビジネスマンとしてもつ実体験にうったえかける。そして、こうつづけるのである。「それに対して、家事の実務というのは、もっぱら主婦が取り仕切っている」が、効率的な実務作業には縁遠かったため、「自分の家の中で、どれほど不必要な手仕事《ハンド・ワーク》がくりかえされているか知らない」し、「いかに時間が浪費されているかなどということなぞ、想像することもできない」。「そのいずれも、仮にオフィスであれば、とても耐えられない無駄ばかりであるはずなのに。そんなことには気づきもしない」。こう断ずるのである。では、なぜ主婦は、そのようになってしまうのか。記事は次のように診断をくだしている。曰く、

> それは、祖母がやっていたのと同じようにやれば、妻もうまくやってゆけるだろうと、なんとなく考えているばかりだからだ［傍点筆者］。

要するに、もはや「祖母がやっていた」方法では役に立たない。伝統的な智恵の伝承ではたちゆかない。こう言っ

【図14】セールスマンは第二の指南役だ。役に立たなくなった古い家事の智恵に代わり、新しい智恵を伝授する社会的機能を果たした。

ているのである。だからこそ、セールスにあたっては、セールスマンたる「あなた方」が、伝統的な智恵とは違う原理である「効率化」なり「合理性」という、まったく新しい価値観を指南しなくてはならない。新しい指南役としてのセールスマン。これを自分たちの存在理由《レゾン・デートル》と心得なくてはならない。こう言っているのである。

そして誰もいなくなった

新しい指南役の第三はラジオ番組である。

これは二〇世紀初頭、米国社会の産業構造にふかくかかわるできごとである。そもそも、祖母から母へ、母から娘へと智恵を伝承するという情報伝達スタイルが、日常的に成立するには、ひとつ条件がある。それは「同居している」、あるいは「近隣に住んでいる」という条件だ。母と娘が遠く離れて別居していては、せっかくの智恵の伝承も、日々おこなうことは難しい。ところが、二〇世紀初頭、全国各地から大量の未婚女性が都市部に集中してきた。就職するためである。その結果、都会でひとり暮らしをする女性が大量に発生したのである。

『上手な家事』一九三八年九月号に掲載された記事「女性たちは行進する」が、これを報じている。調査によれば、「女子大学生の九八％が自立を求めており」、「職業婦人」は「一九一〇年から三〇年にかけて倍増している」。実際、毎年「数千人もの女性たち」が、「大挙して都市に向かって」おり、「この流れを止められるものはなにもない」というのである。

都会でひとり暮らしをする女性たちの悩みとはなにか。記事は診断している。「自分自身、どうやって生きていったらいいか分からないのです」。料理の仕方、部屋のかたづけ方、健康維持の仕方、栄養管理の仕方など、さまざまな困難をかかえているというのだ。なぜか。理由は簡単だ。「働くために大都市にやってくる女性の大半」は、「それまで、自分の生活を自分でいとなむという経験を身につけていないからです」。「大都市にやってくる以前であれば」、「両親や保護者、あるいは長老といったひとびとが、なにかと助言してくれました」。しかし、「今や女性たちはひとりぼっちなのです」。栄養が足りず、ひとりぼっちで、「幸福感をえられず」、「病気になってしまう女性たちが生まれてしまう」。それもこれも、「失敗と成功の違いを教える知識」が「欠落している結果なのです」。こう述べるのである。生きる知識の欠落、つまりは、生きる知恵を伝承する存在の不在。「そして誰もいなくなった」。これが、新しい産業構造がうんだ、ひとり暮らしの女性の困難であるというのだ。

その不在を補ったのがラジオ番組だった。女性向けの暮らしの情報番組。これである。さまざまなスタイルがあるが、大抵は、人気お笑い芸人やディスクジョッキーを抜擢した、気軽なものである。楽しいトークにのせて、本来であれば祖母や母が教えてくれるはずだった暮らしの智恵を、伝えるわけだ。ひとつだけ例をあげよう。『上手な家事』一九三一年一〇月号がこれを報じている。「お笑い三人組『クララとルウとエム』と一緒にクスクス、ゲラゲラ」と題された、洗剤の新製品「スーパーサッズ」の広告である。曰く、「三人の主婦の井戸端会議が、いまラジオで大反響を呼んでいます」。家事のヒント、政治ネタ、ゴシップ、毎日のニュースについて「しゃべり放題」の番組だという。

気軽な主婦の会話とは次のようなものだ。場面は、都会で暮らす若い主婦エムのアパート【図15】。ともだち三人でお出かけする約束なのに、来てみると、エムはまだ支度をしていない。見れば、食器洗い

に悪戦苦闘しているところだ。そこで、ふたりの友人ルウとクララが、見かねてアドバイスする。曰く、

ルウ：オヤまあ、あきれた！　あんた。そんなインチキ石鹸でお皿洗ってたんじゃ、おめかしできてないのも、当たり前だよ。

クララ：スーパーサッズを入れて蛇口をひねるだけでいいのサ。あとは、バーン！　光よりも早く、あっという間に、ひとつぶ残らず石鹸粉が泡になるのよ。

ルウ：ねえエム。あんた、分かった？　サッズなら、これっぽっちも待たされることないし、いちいちかき混ぜなくたって溶けちゃうんだわサ。お湯をちんちんに沸かさなきゃってことも、ないわけヨ。

［友人のアドバイスどおりに試してみて、自慢げにひとこと］

エム：もうすぐ終わりそうよ、これってスゴクない？　ほらね、あんたたち、こんなの見たことないでしょ？

［それを聞いて、ふたりはあきれて］

ルウとクララ：持ってきてあげたのは、わたしたちでしょうに。普通の石鹸なんかで、ダラダラやってる場合じゃないのよ。最初から、ちゃんとスーパーサッズを使ってりゃよかったのにサ。

こんな具合である。じつにささいな、日々の暮らしのヒントである。凡庸といってもよい。しかし、

この軽妙であけすけな会話の存在論は、じつに深刻だ。智恵の伝承の欠如、智恵を伝えるべき存在の欠落。これである。都会のひとり暮らしという生活スタイルによって、一九世紀まで、家事の伝統を継承してきた情報ルートが崩壊した。そのうえ、時代が要請する「新しい家具の道具」たちは、あらかた未聞のものであり、よしんば、祖母や母と同居していたとしても、すぐには使いこなせない。困難は輻輳《ふくそう》しているのだ。そこで登場するのが、新しい指南役としてのラジオ番組というわけである。多言は要しまい。

もちろん誌上広告には、かならずコメントが記されている。「詳しくは新聞のラジオ番組表をご覧ください」。たとえば、「ラジオのレギュラー番組『ヴィックとセード』が、貴女をお招きします。月曜日から金曜日まで、ダイヤルを合わせてください（NBCレッド・ネットワーク、東部標準時間：午後三時三〇分、NBCブルー・ネットワーク、東部標準時間：午前十一時三〇分）」。あるいは、「ケート・スミス・アワー——毎週金曜日夕方——コロンビア・ネットワークをお聴きください」。はたまた、「毎週金曜日、NBC放送でベティー・クロッカーをお聴きください……東部標準時間二時四五分、中部時間一時四五分、山岳地帯一二時

【図15】人気ラジオ番組「お笑い三人組『クララとルウとエム』」を再現したマンガ風広告。ラジオ定時放送が開始されたのは1925年のこと。

四五分、太平洋岸地域一一時四五分」。さらに、「ダン・マクニールの『朝食クラブ』は楽しい番組です。ABCラジオ、週日放送中」などなど。あげてゆけばきりがない。こうして、最新メディア「ラジオ」を通して、ときに家電品の使い方、ときに食器の洗い方、ときに食べ残した料理の保存法など、あらゆる家事のこまごました難問に、「賢い智恵」が授けられてゆくのであった。ラジオ番組、これも新しい指南役だったのだ。

そして、第四の指南役は、いうまでもなく女性向けの家庭雑誌である。

『ウーマンズ・ホーム・コンパニオン』(一八七三年創刊)、『レディース・ホーム・ジャーナル』(一八八三年)や『マッコールズ』(一八七三年)、『すてきな住まいと庭園《ベター・ホームズ・アンド・ガーデン》』(一八七九年)や『アメリカン・ホーム』(一九二八年)などなど。その数たるや、それこそあげてゆけばきりがない。なかでも、二〇世紀米国の主婦が、絶大なる信頼をよせた雑誌がある。主婦向け家庭雑誌の権威『上手な家事《グッド・ハウスキーピング》』だ。一八八五年創刊以来、今日まで刊行されつづけ、モダンライフの指針を示しつづけてきた。その権威のよってきたるゆえんは、いかなるメーカーからも資金援助をうけず、自前の研究施設をもうけて、あらゆる家庭用新製品の品質検査をおこなうという、その潔癖なる中立性にあった。日本でいえば、かつての『暮らしの手帖』にあたると思ってさしつかえない。

『上手な家事』は、自前の資金で設立した研究所において、厳正中立をうたった検査方法でもって、毎月登場するさまざまな新製品や家電品の性能テストをおこなって、毎号、誌上にその結果を掲載した。掲載される各企業の広告も、この性能テストをパスした製品に限られた。こうした地道な努力をつみかさねた結果、誌上で紹介されるデータは、全米各地の読者から、驚くほどの信頼を勝ちえることとなる。

都会に住むひとりぼっちの職業婦人にとって、それはいわばバイブルといえた【図16】。

『上手な家事』は、二〇世紀都市型社会における「智恵の伝承」を、みずからの使命とさだめていたともいえる。一九二七年一月号には、同誌の自己理解を知るのにもってこいのテキストが掲載されている。「弊誌から貴女へ特別な贈り物！」と題された、新しい誌上企画を予告する文章だ。書き出しが共感を呼ぶ。曰く、「わたしたちはいつだってお互いさまです。ある女性が別の女性に自分の成功の秘密を教える以上に、素晴らしい贈り物はあるでしょうか？」。「なぜ彼女の家庭は魅力的で、家族も、お客様も、幸せになるのでしょう？　なぜ彼女は、家事の煩わしさから解放されるのでしょう？　なぜ彼女は活力にあふれ、いつまでも若々しいのでしょう？　モダンな女性は、お互いに助け合って自分の家庭を築くのです」。そして、やおら新企画の使命を宣言するのである。曰く、

身の回りにあるあらゆる役に立つ情報を交換する。これが本企画の目的です。

これである。母も祖母も、そして誰もいなくなった。そんなひとりぼっちの女性ならば、せめて、愛読者の間で情報交換をしましょう。伝統的な智恵が役立たないのだったら、「新しい智恵」を伝達しあいましょう。見知らぬ読者どうしが、お互い

【図16】家事の権威『上手な家事』誌が発刊した料理本を片手に調理する。モダンライフは家庭においても新しい智恵の伝承者を要請した。

に、母や祖母の代役をはたすのです。古い伝統的な情報ルートが崩壊したなら、新しい情報ルートをつくりましょう。言ってみれば、こういったことになろう。

もちろん、雑誌自体も発信する。たとえば、同誌一九二七年一月号の記事「家事の簡略化《ショートカット》」では、家事を計画的にこなした読者からの体験談を紹介し、解説してみせる。曰く、「省力化する器具も、みなさん強く推薦なさいます。家電品はとても大きな存在なのです——電気洗濯機に電気アイロン、電気掃除機にミシン。とりわけ小型製品が目立ちます」。なかでも、「温度調節式オーブンは特別賞です」。こう言うのである。もちろん、毎号、同誌「研究所」が、さまざまなテーマについて、新しい智恵を伝授するのはいうまでもない。同誌一九三一年一〇月号、「上手な家事研究所」コーナーでは、「だから私は研究所を訪れたのです」と題して、電気冷蔵庫の性能について報告しているし、翌一一月号の同コーナーでは、「もうお皿は結構です」と題して、研究所長キャサリン・フィッシャーが食器洗い機についてレポートしている。こういった具合だ。

メーカーによる講習会、セールスマンの説明、女性向けラジオ番組、それに女性向け家庭雑誌。それぞれ、形式も社会的機能も微妙に違ってはいるが、こと「智恵の伝承」の崩壊というできごとに対して、なんらかの対抗措置たりえようとしている点では共通している。新しい指南役たち、これらがあってはじめて、ひとりぼっちの主婦たちは、モダンな主婦になるための必須条件である家電品を、使いこなすことができるようになるのであった。

以上をまとめれば、新しい指南役たちというのは、モダンな主婦たるものが体現すべき「規範」を示す訓育装置だったのである。

台所技術者の憂鬱

古い智恵が途絶えたとき、新しい智恵が必要になる。家電品を前にたちつくす女性に規範を示す。その目的のために、ある先行する社会的存在が動員されてきた。それが「技術者《エンジニア》」イメージである。

技術者というのは、一九世紀末、フォード自動車の大量生産ラインを筆頭に、ますます工業界・産業界で生産者の原像として中心化してきた存在だ。二〇世紀前半、家事の主体として位置づけられてきた新しい主婦を明瞭にイメージづけするために、さまざまなメディアがこの技術者像を援用したのである。そこから生まれたのが、「台所技術者《キッチン・エンジニア》」というキーワードである。

ポピュラー系科学雑誌『サイエンス・アンド・インベンション』一九三〇年六月号に掲載されたある記事は、台所仕事を合理的にこなすことの重要性を説いている。曰く、「横風が吹くたびに、貴女のガスレンジの火は消えてしまいませんか？　台所のドアは勝手口から遠すぎませんか？　流し台では、つねにかがみこまなくてはなりませんか？　台所の設計に女性が加わっていたら、そんなことにはならなかったのに。あるいは、貴女のために設計された台所だったとしても、そこに常識《コモンセンス》を適用して、システムを加え、少しばかりのドルを出して手を加えれば、もっと時間と労力を節約できるでしょうに」。

このように問いかけて、台所が家事の主体である女性の立場から、きちんと合理的に配置されているか、作業工程にムダはないかと人間工学的な指摘をしている。そして、そうした台所の「システム化」を中心的に担うべき存在こそ、新しいタイプの主婦そのひとだと定義してみせるのである。

台所の中心人物として、しかも台所のすべてを合理的に差配することができる存在として、貴女もみずからを訓育しなおすべきである。このように呼びかけている記事のタイトルには、ほかでもない、「貴女も台所技術者《キッチン・エンジニア》になりましょう」と銘打たれているのである【図17】。

台所は、大きかろうが小さかろうが、「配置の原理」こそが重要です。あらゆる移動距離を短縮して、すべてを集中させ「センター」化しましょう。「電話やバスルームとの距離」も短い方がいいでしょう。台所とダイニングルームの間は「スイングドアが最適」です。「テーブルは決して部屋の中央に置いてはいけません——迂回して歩くことになります——つねに壁際に置くようにしましょう」。「配膳センター」は、「作業台、キャビネット、レンジで構成」します。皿洗いをするときは、「右利きの場合、水切り板は左手に置」くようにしましょう。流し台の高さも調節して、「床面から三六インチ（約九一センチメートル）の高さ」にするのが理想的です。背の高い人は若干高めに、背の低い人は若干低めに、「三五インチから三九インチの間で調節」すべきでしょう。このように、あらゆる細部にわたって、効率化のための具体的な指針を提示するのである。そして最後に、記事は読者に呼びかけている。「女性は誰でも、自分の台所技術者になれるのです」。

二〇世紀初頭、主婦は家庭の「技術者」、わけても台所の「技術者」になることを要請されはじめた。これは、一方では人間工学にもとづく効率性とか、生産性向上といった意味内容に対応した言葉であり概念でもある。しかし、それ以上に、それは技術者という言葉から連想される、あらゆる文化的含意あるいは社会的含意の総称として使われてもいるのだ。つまり、この記事の表象戦略は二重構造になっている。ひとつは、記事の詳細な記述が提示する明示的意味、もうひとつは、記事全体をおおっている暗示的含意。このふたつの表象レベルが、記事の言説の基本構造をなしているのである。

たとえば、それはこういうことだ。すなわち、「三五インチから三九インチの間で調節」という表現は、もちろん、二〇インチでもなく四五インチでもない、というレベルでそれ自体完結した意味層をなしている。「技術者」という表現も、機械仕掛けにかんする正確な専門知識をもってことにのぞむ存在、というレベルでそれ自体余計なことはいっていない。しかし、他方で、おなじ「三五インチから三九インチの間で調節」あるいは「技術者」という表現は、これまで科学とか技術とかいうものとは無縁であった台所仕事にも、これからはこうした知識や知見が必要になる。それこそが新しい時代の家事のありようだ、というような漠然とした印象や、全体的なイメージを同時に発信する記号にもなっているのである。この記事における台所技術者、それは人間工学的概念の具体的応用例というよりは、すぐれてイメージ言語と化しているのだ。ポピュラー系科学雑誌の言説にみられる神話的な語り口である。

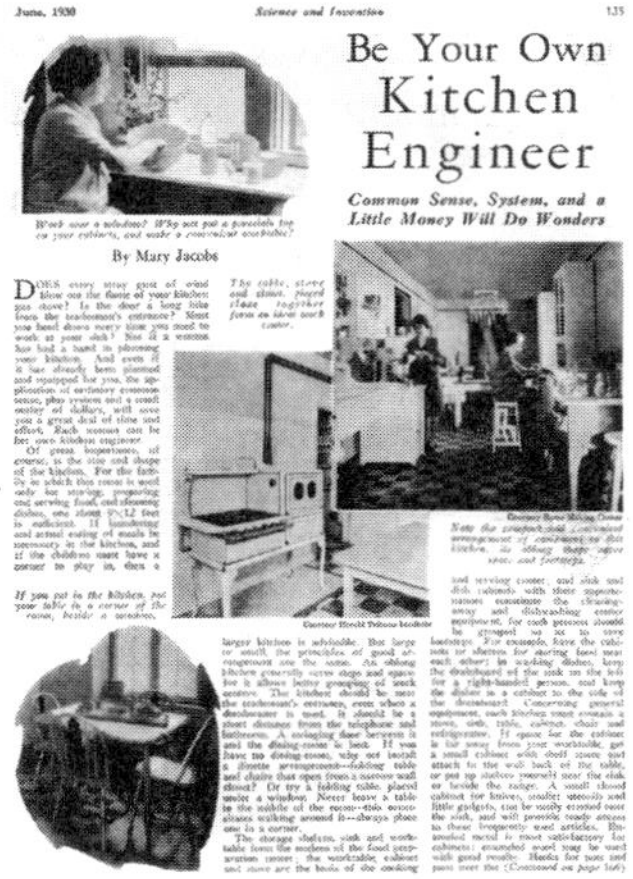
June, 1930 Science and Invention 135

Be Your Own Kitchen Engineer

Common Sense, System, and a Little Money Will Do Wonders

By Mary Jacobs

【図17】「貴女も台所技術者になりましょう」。モダンライフの中心人物「工学系主婦」を表象してみせる男性向けポピュラー系科学雑誌の特集記事誌面。

確かに、電気掃除機や電気洗濯機といった、便利な新しい家事の道具たちが登場したことと、それまでの家事のありようが変化したことが、なんらかの関係をもっていることは間違いない。では、いったいどのような関係がじっさいそこにはあったのか？ はたして、新しい家事の道具が便利で使いやすかったという技術的理由だけで、主婦は嬉々として電気掃除機や電気洗濯機を使うようになったのか？ そこには、原因と結果というような、分かりやすい因果関係しかなかったのか？　この点は、もう一度考えてみなくてはならないだろう。

科学技術と日常生活との関係を分析したジークフリート・ギーディオンの『機械化の文化史』（一九七七年）によれば、一九一〇年から二〇年にかけての一〇年間において、家庭に流れこんできた発明品や新技術の数は、かつて一九世紀全体をつうじて発明されたそれらの総数よりも多かったという。つまり、二〇世紀の家庭は、最初から機械化の奔流に突入していたのである。その意味では、家事仕事や台所仕事といった、本来であれば、先行する世代から次世代へと手ずから、体験をつうじて「伝承」されてゆくべき知恵や技術が、未聞の機械化の時代に直面して、伝承という情報伝達のルートを失ったのである。電線コードの接続部分が漏電して電気洗濯機がとまってしまったとき、もはや祖母に尋ねても、トラブルを解決する知恵をさずけてはくれないのだ。

この点において、一九二〇年代に発売されたワン・ミニット社の電気洗濯機「モデル五二型」の宣伝用コピーは示唆にとんでいる。同社の広報部は、この新型モデルを「未来の洗濯機」と謳いあげているのだ。伝承とは過去の知恵を伝えるものである。人生の智恵ならいざしらず、こと技術にかんする実践的な知恵については、かつてなかった「未来」の新技術を前にして、もはや過去の知恵はその効力を失わざるをえない。二〇世紀の家庭は、そのすべてにおいてではないにせよ、しかし、その相当部分において、伝承されるべき知恵の堆積をいったん棚上げにするところから、再出発しなくてはならなくなったのである。

第三章　外付け式冷蔵庫——ハイブリッド論考

さらばシンシナティ

唐突に台所に侵入することによって、これまでの生活様式を、モダンライフに再編成していった家電品たち。それらの実相を見るために、別して電気冷蔵庫を見てみよう。なぜなら、電気冷蔵庫こそ、二〇世紀型モダンライフの使徒として、最初に登場してきた家電品であり、なおかつ、その後つぎつぎと押しよせてくる家電品たちが投げかける問題を、もっとも凝縮したかたちですべて体現しているからである。冷蔵庫を抜きにして、白物家電を語ることは不可能である。

一八七六年、イギリスの旅行代理業者トマス・クックが、添乗員としてはじめてニューヨークに渡ったときのことである。このとき、後年世界屈指の旅行代理業社に成長することになるトマス・クック社の創始者をひどく驚かせたのは、自由の女神でも、ウォール街でもなかった。彼の心を奪ったのは、「どのテーブルにも、よく冷えた瓶詰の氷水がのっている」光景であった。

じつは、氷の産出と輸出というのは、早くから米国の重要な産業であった。最初はもちろん天然氷である。一八〇〇年頃から盛んになったが、なかでもクリッパー船によるカルカッタへの輸送は有名だった。国内消費も一般化しており、決して贅沢ではなかった。一八八三年、オランダの雑誌『デ・ナ

【図18】オランダの雑誌が伝える最新兵器「蒸気式天然氷採取機械」。大型蒸気エンジン搭載型で回転板式カッターでハドソン川に結氷した氷を切りとる。氷消費社会米国では最新技術蒸気機関もさっそく動員される。

トゥール』によれば、当時ニューヨーク市民は、「年間平均六五〇キログラム」の氷を消費していたという。記事は、「蒸気式天然氷採取機械」も紹介している【図18】。米国人技師C・A・サージャーなる人物が、ハドソン川の天然氷を、効率よく切りとるための機械を考案したというのだ。しかし、実際にこれが実用化されたかどうか、記事からは分からない。

　採取された天然氷は氷蔵に詰めこむ。四方の壁を、モルタルや煉瓦で密閉してあるので冷気が逃げない。氷蔵、それは天然氷を使った、いわば大型冷蔵庫の先駆的なかたちだったといえる。自家用の氷蔵もめずらしくはなかった。たとえば、米国独立運動の父ジョージ・ワシントンもそうだ。バージニア州マウントバーノンにある彼の大邸宅では、それまで、肉類やバターや野菜は、夏の間、庭の四阿《あずまや》の地下にある吸いこみ井戸の中に保管していたのだが、母屋のわきに半地下式の氷蔵を作り、すべてそこに長期保存できるようにしたのだった。

　一九世紀米国は、世界屈指の氷消費社会だった。米国社会と氷および氷蔵との、こうしたふかい結びつきは、世界文学の傑作にも反映されている。

　たとえば、メルヴィルの『白鯨』（一八五一年）だ。洋上、銛手《もり》クィークェグは、樽から鯨油が漏れた原因を調べるため、船底に下りる。汗みどろになってはたらくクィークェグは、このとき、重い熱病にかかっていた。実際、船倉はうだるように暑かったにもかかわらず、「気の毒な異教徒にとっては、そこは井戸あるいは氷蔵」［傍点筆者］のように「寒かった」。高熱のためである。このように描かれているのである。この場面で、生死にかかわる寒感のイメージとして、他ならぬ「氷蔵」が援用されているのが見逃せない。もちろん、作品の主題に比べれば、ささいな修辞学上のできごとにすぎない。しかし、ささいなディテールであればこそ、作家の意図とは別に、冷たさや寒さ、悪寒や冷却をめぐる、時代の共通感覚としての表象の枠組みが投影されているのである。つまりは、ひるがえって、修辞学上の選択として氷蔵が選びとられたという点から、一九世紀米国社会におけるその普及度がうかがえる。当時、ごく普通のひとびとまでもが、冷たさといえば、ほぼ氷蔵を連想しえたということである。

一九世紀、氷産業は米国の独壇場だった。はじまりは天然氷であったが、たちまち製氷技術が開発され、「人工氷」が大量生産されるようになった。なかでも、近代製氷術の父オリバー・エバンス（一七五五〜一八一九年）の初源的試みを筆頭に、ファラデーらによるアンモニア気化熱の実験（一八二三年）や、カレの製氷機械《アイスマシン》（一八六二年）などがもたらした成果には、めざましいものがあった。ここから多くのアイデアが実用化され、つぎつぎと特許が認可されていく。機械仕掛けによる「製氷」であり「冷却」である。これにより、それまでの産業構造のかなりの部分が変革を余儀なくされた。一八六〇年代のことである。

なかでも、もっとも大きな恩恵を受けたのはシカゴの精肉運送業界であった。それまで、精肉業の先進都市といえばシンシナティであった。ドイツ最大の家庭雑誌『ガルテンラウベ』も、一八五〇年代までは、特派員報告として、シンシナティを「精肉業界の中心基地」(一八五七年)とレポートしている。ところが一八六七年、シカゴの業者が人工氷を用いた保冷鉄道車輛を導入して、シカゴ発ボストン経由で、ニューヨークまでの直送ルートを確保したのをきっかけに、一八七〇年代に入ると、シカゴが完全に精肉業界の覇権をにぎることになる。そして、二度とドイツから、シンシナティに特派員が送られることはなくなった。

このように、製氷ならびに冷却する機械仕掛けというのは、さまざまな意味で米国的な科学テクノロジーである。そして、この技術は欧州にも大きな影響を及ぼすことになる。保冷車輛による遠距離大量輸送という新しいスタイルについては、言うまでもない。ドレスデンでもベルリンでも、これによって、精肉の生産地と消費地との関係に変化が生じたのである。

それればかりではない。製氷技術は、ひろく社会に影響をあたえたのである。もうひとつ別の例をあげよう。製氷や冷却技術なしでは、考えられない都市施設である。パリでは一八五五年、ベルリンではより大規模なものが一八八四年に開設された。すでにして、無縁都市と化しつつあった大都市ならではの施設。それは、身元不明の「死体公示所」である。行き倒れや自殺者など、身元不明の死体の身元を確認するための展示場だ。技術的なポイントはつぎのようなものだ。すなわち、身元が判明するまでの一定期間、発見時の状態を保存しなくてはならない。しかし、死因を判定するためにも、薬物による保存は不適切である。したがって冷却保存するしかない。これである。地下に大型冷却装置を擁したベルリン市内ハノーファー通りの王立死体公示所は、いちどに計五三体もの死体を展示・保存できる大がかりなものだった。このように、製氷装置ならびに冷却装置は、最初から家庭用に考案されたものではない。そもそも、社会や公共空間に資するものとして登場してきたものであった。それがやがて、家庭内に侵入してゆく。ことの順序としては、このようなものだったのである。

天然氷から人工氷へ。時代の流れはこうだった。しかし、いつの世も、新技術の開発とその普及とのあいだには、時間差があるものだ。冷蔵庫の場合もそうだった。

【図19】最新式の全金属製電気冷蔵庫GEモニター・トップ。女性誌『コンパニオン』に掲載された広告。白物家電の時代が幕開けを告げる。

そもそも、人工氷をつくる冷却装置は、工場プラントやホテル、大規模レストランなど、公共性の高い施設のために開発されたものである。したがって、いずれも嵩《かさ》だかく、大型のものであり、家庭用には適さなかった。それに、家庭用に開発された機種もかなり高価で、とても一般庶民が気軽に購入できるものではなかった。その結果、氷消費大国である米国でも、家庭では、食料保存のために冷蔵函《はこ》を用意し、これに、市販されている氷塊を入れて冷蔵庫とする。こんな時代がながくつづいた。このタイプの冷蔵庫は、家庭の収入にもよるが、一九三〇年代までかなり利用されていたのが事実である。

ちなみに、家庭向け女性雑誌『コンパニオン』一九三一年三月号は、電気冷蔵庫と冷蔵函が、ながらく共存していたことを示す歴史資料になっている。一方で、同号にはゼネラル・エレクトリック社が誇る最新の「全金属製電気冷蔵庫GEモニター・トップ」の広告が、大きく掲載されている【図19】。曰く、電気製氷装置「モニター・トップ」は「完全密封式」で、「防錆性、耐水性、防塵性」に優れています。庫内温度調節は「ダイヤルひとつで簡単」にできます。「多機能温度調節機能」を搭載し、「急速冷蔵」「冷蔵」「野菜保存」と、食材によって庫内温度が選択できますなどなど。やさしげな母親が冷蔵庫の脇に立ち、腕白な息子たちを、慈愛にみちたまなざしで見つめているイラストとあいまって、広告テキストは、電気冷蔵庫がもはやモダンライフには欠かせない必需品であることを喧伝している。

ところが他方で、同号には、旧来の冷蔵函を使いましょうという広告も掲載されているのである。「お気に入りのデザートを迅速なスタイルで」と題されたページは、即席ゼリー凝固キット「ロイヤル・ゼラチン」の広告である【図20】。テキストは謳っている。曰く、「ロイヤルはまったく新しいタイプのゼラチンです」、「これまでお使いのものより、はるかに短い時間でできあがります。たったの一時間……電気冷蔵庫に入れれば、もっと早く仕上がるのです」。このように誇らしげに語っている。ところが宣伝文はまだつづけるのである。曰く、

もちろん、天然氷冷蔵函でも、ロイヤルならこれまでのゼリーより二倍の早さです［傍点筆者］。

【図20】「ロイヤル・ゼラチンならすぐ冷やせます」。20世紀型の新しいメニューも電気冷蔵庫があればこそだ。調理もますます電化の波に呑まれてゆく。

こう語るのである。念を押すまでもない。女性雑誌の同月同号に、電気冷蔵庫と天然氷を使った冷蔵函とが、まったく同じように推奨され、掲載されているのである。みごとなまでの共存である。一九三一年のことだ。つまりは、氷塊の需要はあいかわらず高かった。製氷装置による人工氷の生産が本格化したあとも、あいかわらず、天然氷の供給は衰えを見せなかったということである。良質な天然氷の産地さえ確保できれば、この方が経費がかからなかったからだ。

ことの次第は日本でも同じだった。

明治以降、殖産興業の大号令のもと、近代日本の産業育成のための動きが活発になる。さまざまな施策が講じられたが、産業博覧会というイベントもそのひとつであり、全国各地で恒常的に開催されている。一九一三年（大正三年）には、帝都東京市で「東京大正博覧会」が開かれた。古林亀治郎『東京大正博覧会出品之精華』によれば、その折り、近代日本産業の「精華」たる最新鋭の物産が一堂に会したなかで、「氷塊」もまた、産業物産として展示されたのであった。

テキストは報告している。展示場には、「京都市寺町二条下る」に本社をもつ「龍紋氷室社」も名を連ねている。同社は、「本邦に於ける最大の製氷業者」にして、年間およそ「十五万噸《トン》」の氷を製造販売しているという。製造する氷のうちわけは二種類、「機械氷」と「天然氷」である。機械氷の生産量は「九万八千噸」、天然氷の産出量は「約五万噸」にものぼる。テキストは詠嘆している。曰く、「其規模の雄大、事業の旺盛なる東洋随一と称するも敢えて誣言《ふげん》にあらざるなり」。要するに、アジア最大の規模をほこる製氷業者だというのである。

「機械製氷」は、国内にある「四箇の製氷場」においておこなう。その手順は、米国で開発されたそれとほぼ同じだ。まず、水蒸気を純化冷却して蒸留水をえる。さらに、気体アンモニアを液化させ、これを再び気化させる。その間に生じる「潜熱作用」で蒸留水から熱をうばう。その結果、蒸留水はいっきょに冷え、「冷却」「凝結」するというわけだ。

他方、天然氷は産地から切りだしてくる。全国各地に、純良なる氷の産地は数多くある。大沼湖や埼玉地方、長野県「諏訪湖の水面も盛に利用せらる」。「東京府下にては荏原郡、三多摩地方に於て多少の採収を見る」。しかしながら、「品質」は「函館を第一」とする。なかでも、もっとも優れた産地は「函館五稜廓」の「外濠」である。函館水道の源水「亀田川」から流水を引いて、「此濠中に貯溜」して、天然の氷結を待つ。例年、「十二月の上旬に及べば氷の厚さ三四寸に達す」。だが、「雪の混入せる」うちは「堅度弱きが故に」、折を見て表面層をけずりとる。すると、「水面は清澄純潔」「一点の塵《ちり》を止め」なくなるという。通常、翌年一月中旬になると、「厚約一尺に達する」。そこではじめて、「百数十人の人夫を使役して採取を開始す」、さらに「機械鉤《かぎ》を以て表面二三寸削り去るものとす」。以上が天然氷採取の手順である。なかなかに手間のかかる仕事である。

こうして採取された天然氷は、どのように使われたのだろうか。

そもそも日本において、「氷の実用に供せられたるは明治二年」のこと。しかし、当時は需要もほとんどなく、いわば「御大名の贅沢品たるに過ぎざりき」。ところが、二〇世紀になると、さまざまな需要がうまれてきた。「氷の用途」の第一は「飲料用」、第二は「冷却用」、第三は「装飾用」であるという。とりわけ需要がのびたのは冷却用、おもに食料保存のためだ。曰く、「食用品の冷蔵は近来非常の発展を遂げ」、「魚肉、獣肉は凡《すべ》て氷を以て冷蔵するを常とする」ようになった。氷の需要は「殆ど全く魚肉の冷蔵用」であるが、「夏期六七八九の四ヶ月」は、魚肉以外にも、さまざまな食品を保存するために需要が急増するので、夏期の「消費額は殆ど年産額の二分の一に当れり」という。

要するに冷蔵庫の黎明期、人工氷と天然氷は両者ならびたっていたのである。ことの次第は、米国でも似たようなものだった。

オランダの『デ・ナトゥール』が報じていたように、天然氷採取用の機械仕掛けに対する欲求は、古くからあった。しかし、実際には、ほぼ日本と同じように人力に頼っていたのが実情だったのである。そこに今般、いよいよ本格的な機械仕掛けが登場したというのだ。氷消費大国のこと、ポピュラー系科学雑誌も色めきたった。『ポピュラー・サイエンス』一九一六年九月号がこれを報じている。「天然氷切り出し機械が八頭の馬に代わる」と題された記事である。曰く、「出力三五馬力ガソリンエンジン搭載型」の「新型天然氷カッター」が、満を持して市場に登場したというのだ【図21】。この機械を使えば、「たった一秒間で氷塊を切りとることができる」。これだと、「一日に三万個の氷塊」を切りだせる計算になる。これは、「一一六人の人夫が馬八頭を使って切りだす産出量に相当する」

【図21】最新型の天然氷カッターで氷を効率よく切り出す。電気冷蔵庫が発売されても天然氷の需要はあいかわらず衰えをみせなかった。

のだという。ガソリンエンジンは歯車機構を介して、「スパイクをはいた車輪」と「一枚の大型回転ノコギリ盤」双方を、それぞれ駆動させることができる。回転ノコギリ盤はレバー操作で上下させることができるので、「厚さ一五センチメートルから四〇センチメートルの氷」まで、自在に切りだすことが可能だという。これで天然氷の産出量も、いっきょに増産することが可能になる。記事の筆致は、天然氷大量消費社会に明るい未来が見えてきたと、手放しで言祝いでいる。やはり米国でも、天然氷産業は殖産興業の一翼を担っていたのである。

氷、売ります

新しいものは、古いものと戦わなくてはならないものだ。電気冷蔵庫も、氷塊と戦わなくてはならなかった。

冷蔵庫が家庭に侵入してきた。『サイエンティフィック・アメリカン』一九〇六年四月二八日号に掲載された記事「電気の新しい使い方あれこれ」が、これを報じている。先に、電気を「不思議なエネルギー」と呼んでいた記事である。

記事は、台所を「家庭の工場《ワークショップ》」と定義し、「省力化する道具」を推奨していた。もちろん「電気冷蔵庫」もそのひとつだ。曰く、「良く整理された台所」というのは、「壁面に電気扇風機セット」を備え、調理する際に出る「熱気や臭気」を、室内から排気するのがよいだろう。そして、「小型電気冷蔵庫があれば、いちいち氷塊を家に運びこむ、やっかいな手間をかけずにすむだろう」。こう書いているのだ。記事のポイントはいくつかあるが、とりわけ興味深いのは、「氷塊」に言及している点だろう。家庭に侵入した冷蔵庫とはいっても、当初からすべてが電気冷蔵庫だったわけではない。氷塊を購入し、これを冷蔵庫内の容器にセットするタイプの冷蔵函も多かったのである。氷塊はといえば、良質な産地から切り出してきた天然氷か、市内の製氷工場で大量生産された人工氷を購入するという寸法だ。

古いもの「氷塊」は、いまだ善戦していた。

『ポピュラー・サイエンス』一九二六年一〇月号が、これを伝えている。「氷運搬ウーマン」という小ネタ記事だ。曰く、ロサンゼルスの某製氷会社が、家庭の主婦による氷の消費量を、これまで以上に増やせないものかと思案した。調査に参加した社員「フリータ・エバンス嬢」【図22】は、各家庭を戸別訪問して、主婦に氷の便利な使い方を説いてまわるうち、いっそのこと、ついでに氷を配達してしまおうと決心したという。記事は「女性の氷運搬人」を、「見なれぬ光景である」と驚いて見せている。思えば、氷の運搬は重労働だ。さしもの氷消費大国でも、この業種に女性が進出するのはきわめてめずらしい。そんな思い入れで、記事は「トピック種」として扱っている。実際、二〇世紀初頭、男性の氷運搬人が、大型製氷装置をそなえた工場から、市内各所に馬車で氷塊を運搬する姿は、町の風物詩として親しまれていたのである。

『ポピュラー・メカニクス』一九一七年二月号は、別種のサービスについて報じている。「暑い季節には各地に小規模氷ステーション」と題した記事である【図23】。今般、オハイオ州コロンバスに、新し

【図22】天然氷のかたまりを運搬する。氷消費大国米国における街角の風物詩。ポピュラー系科学雑誌も報じる天然氷運搬ウーマン。

い店舗サービスが登場したという。これまでも、市内にある製氷工場は、各種サイズの製氷装置をフル稼動して人工氷を大量生産して、馬車で移動販売および宅配をしてきた。ところが、なかには馬車がくるタイミングを逃してしまうひともいる。猛暑のみぎり、これは耐えがたいものだ。そこで、とりわけ都心部の人工密集地域に、サービスステーションをいくつもうけ常設にし、店頭販売も開始したらしい。消費者のニーズに応えようとしたのである。店舗は「間口四メートルにも満たないもの」ながら、屋内は、「天井と床面と四方の壁」を「鉱滓綿《こうさいめん》」で覆い、断熱性をたかめた氷蔵になっている。人工氷塊の販売価格は「四五キログラムあたり二〇セント」、馬車による宅配だと「同三五セント」掛かるので、かなり割安だという。おかげで店頭販売は大人気。店先は活況を呈しているというわけだ。宅配ばかりではなく店頭販売スタイルも加え、消費者の要求に応える。ここからも、二〇世紀初頭、いかに米国社会での氷消費量が多かったかをうかがい知ることができよう。

【図23】盛夏の街角に登場したアイス・ステーション。看板も「混じりけのない氷」と謳う。天然氷の販売価格は5セントから。

　さらに新奇な装置も導入された。これには日本の科学ジャーナリズムも興味津々である。戦前日本のポピュラー系科学雑誌の雄『科学知識』一九三一年一一月号が、「世界見聞録」欄で外信として報じているのである。「氷の自動販賣機」と題された記事だ。曰く、「今夏米國ロスアンゼルスの目抜の場所に、大きな氷箱が現はれました」【図24】。コインを入れ「ボタンを押すと」、「ものゝ七秒間もたつた頃」、「小窓から紙で包装された二十五ポンド許りの氷塊がひとりでに現はれて來るという趣向です」。世界最新の科学情報を外信として伝えるコーナーだけに、記事も短信であっさりしている。自動販売機システムについては、戦前日本もひとかたならぬ関心をしめしてきた。したがって、この記事の眼目は、米国社会における氷文化の動向にあるというよりは、むしろ、氷塊すら機械仕掛けで販売できるという先進国の自動販売機事情にむけられているのはいうまでもない。しかしながら、記事の編集意図はそれとして、本書のテーマからすれば、この記事からも、氷消費大国米国の実相をかいま見ることができて、まことに興味深いものといえよう。

しかしながら、そうはいっても、氷塊というのは扱いにくいものだ。もちあげるには重たいし、溶ければ大量の水が発生する。しかも、運搬人が台所の奥まで運んでくれるのはありがたいが、天候によっては、せっかく掃除したばかりの絨毯や床が、運搬人の長靴で泥だらけになってしまう。これはこれで、主婦にとっては頭痛の種であった。

そこで登場したのが、氷塊を使わないタイプの冷蔵庫「電気冷蔵庫」であった。みずからに製氷装置

【図24】ロサンゼルス市街地に登場した氷塊自動販売機「アイス・サービス」。コインを投入するとアイスキューブが出てくる。左下が取り出し口。

をそなえた冷蔵庫である。

さきに、米国最大手の家電品メーカーの雑誌『ウェスティングハウス・インターナショナル』を見た。一九二一年一月号に掲載された「電気が主婦を支援する」という記事だ【図25】。自社セールスマンに、今は亡き「おばあちゃんの智恵」に代わる指南役に徹しなさいと呼びかけたテキストである。言うまでもなく、檄をとばすだけではない。記事では、モダンな家電品の特徴と、それぞれのありがたみをあげて、家庭の電化を後押ししているのである。

もちろん電気冷蔵庫も推奨している。ところが、その「語り口」が興味深い。不安をかきたてることからはじめているのである。曰く、「せっかく美しい女性と結婚したのに、妻の魅力が衰えてゆくように思える」。病気でもないのに、「性格もなんだか偏屈になってきたようだ」。どうしたのだろう。「悲惨」である。「こうした悲惨な状態」というのは、却って、「愛情にあふれ、誠実で、実直な奥さんに限って」、「見舞われるものなのです」。このように、まずは憂慮してみせるのだ。そして、ゆゆしき事態の原因を特定してみせる。曰く、家事は重労働である。こうした悲惨な状態というのは、「家が長年にわたり、彼女に背負わせてきた重荷が原因」に他なりません。ではいったい、どうしたらよいというのであろう。そこで、やおら解決策をさずけるのであ

【図25】世界的電気メーカー、ウェスティングハウス社の社内報。1921年1月号の表紙。毎号、最新技術が詳しく報じられた。

る。曰く、

こうした問題をたちどころに解決するもの、それが電気なのです。

せっかく、「愛情にあふれ、誠実で、実直な奥さん」であるのに、その美徳が薄れてゆく。そんな悲惨をのりこえ、さらに愛情にあふれ、さらに誠実で、さらに実直な奥さんになるための、つまりは、モダンな主婦になるための解決策はたったひとつ。それは「電気」なのです。こう言いつのるのである。

二〇世紀初頭を席捲した「モダンな主婦と電気」神話に、典型的な語り口である。

このように前提を提示したあと、いよいよ本題にはいってゆくのだが、ここで、「天然氷」が悪者にされるのである。曰く、これまで、「天然氷の配達には、いつも腹立たしい思いをさせられたものです」。これは「大問題ですよね」。というのも、「つねに誰かの手が必要ですし、泥まみれの土足で、玄関先にどやどや上がられるのも、後始末が大変です」。なるほど、玄関脇に「配達用のアイスボックス」を据えつけるのも妙案ですが、しかしこれも、「あれこれ頭痛の種になるものです」。このようにたたみかけるのだ。そして、すかさず最終解決策を示してみせるのである。曰く、

これらの解決方法としては、家庭用モーター駆動製氷装置《アイス・プラント》以上のものはありません。

こう言い切るのである。電気冷蔵庫が必要なのです。あなたの問題を解決してくれるのは電気なので

す。電気以外にありません。冷蔵庫といっても、これまでの、天然氷や人工氷の氷塊を使うタイプではいけません。みずから製氷機能をそなえた電気冷蔵庫こそ必要なのです。なぜなら、もう誰の手も借りなくてすみます。泥まみれにならずともすみます。玄関先にアイスボックスを置かなくてもいいのです。すべて頭痛の種は消えるのです。このように「利点」を列挙するのである。

もちろん、科学的根拠についても語る。「品質の良い冷蔵庫に外付けするタイプ」が、すでに市販されてます。「冷蔵庫と製氷装置が一体化したもの」も売られています。こうした装置の「モーター」というのは、「数時間だけ冷気を発生させる」ため、「時間を限って駆動する方式を採用しています」。それでも、「天然氷では得られない低温度が常時維持」されて、食品を保存することができます。このように専門用語をまじえながら、技術の解説までしてみせるのである。これが記事の大まかな流れだ。

隠蔽するテキスト

テキストがつねに語るとは限らない。沈黙するテキストもあるのだ。

この記事の語り口は巧妙な手はずを踏んでいる。しかも、この記事にある表象構造は、分析的にみると、かなり問題をふくんでいる。それは次の二点である。

まず問題の第一点は次のようなものだ。

誰かの手を借りねばならない、泥の後始末が大変だ。こうしたことどもを、定言命題風に「欠点」と断じてみせる。先行機種である「氷塊式冷蔵庫」をめぐる実体験に訴えかけ、その「欠点」からくる諸事を「頭痛の種」と切り捨ててみせる。おそらく、多くの主婦がもったことのある「実体験」であってみれば、共感もえやすいし、イメージもしやすかろう。こんな具合に、実体験に訴えつつ、最後は、新型電気冷蔵庫の購入を勧めることでしめくくる。なんとも、いじましくも凡庸なる記事である。

一方で、電気冷蔵庫の科学的根拠を指摘しつつも、他方で、「大問題ですよね」と称して、ひとびとが抱く日常的な体験的イメージや表象パターンに訴えかける。科学的言説と日常的言説の混淆状態。これが、この記事の修辞法をなりたたせている二重構造なのである。この点を見ても、この記事が純粋な学術報告というよりも、一般読者にむけられた「語り口」でできていることが分かる。ポピュラー系科学雑誌の真骨頂である。

問題の第二点は次のようなものだ。

この記事は、体験談を援用して「分かりやすく書く」ことに徹している。しかしそれでいて、ここにある語り口の表象戦略はしたたかである。ここでの統語法は、一見したところ、純粋に技術的な専門領域のなかに問題の核心があるばかりか、その解決方法までもが、かならずそこに存在しているという信頼にもとづいているからである。つまり、ある問題なり欠点なりが仮にあったとする。そのとき、その問題が技術的な性質のものであるとすれば、そこを改善すればよいのだから、解決方法は純粋に技術的なものだ。こうした確信にもとづいているからである。

しかし、氷塊式冷蔵庫がうみだしたとされる「欠点」とは、はたして、純粋に技術的なできごとだろうか。無論そうではないのだ。

たとえば、誰かの手を借りねばならない、泥の後始末が大変だ。こうしたことどもは、たしかに、技術的問題と密接につながったできごとである。なにせ、製氷機能をもった冷蔵庫ならば、こんなことは起こりえなかっただろうからだ。その限りにおいては、なるほど、これは技術から派生するできごとだ。しかし同時に、こうしたできごとは、すぐれて人間関係的なできごとであり、社会的できごとでもある。たとえば、主婦と氷運搬人との対人関係であったり、当事者たちの社会性の問題であったり、要するに人間の問題でもある。もちろん、人間の問題だから、そこからはさまざまなことが生じうる。嫌なこともあるだろうし、楽しいこともあるかもしれない。すべては不確定であって、誰にも分からない。まさにそれは、あらゆる結果に対して、複数の可能性をもってひらかれたできごとであるはずだ。だからこそ——陳腐な言い方ではあるが——人間ドラマがうまれることもあるのである。無論、よろこばしいドラマもあるだろうし、悲惨なドラマもあることだろうけれども【図26】。

【図26】馬車による街頭販売では違法な秤でイカサマ計量も横行した。確かに悲惨な人間模様である。ポピュラー系科学雑誌は詐欺的手口も報じる。

他人の手を借りることを疎《うと》ましく思う。それは、たしかに、ありうべきことかもしれない。しかし、本来複数の可能性をもっているはずの、人間のそうしたいとなみの一部を取りだしてきて、あたかもできごと全体とでもいわんばかりに、いかなる前提も留保もなく「欠点」と断じてみせる。複数の可能性のなかから、ひとつの可能性だけを抽出して、ことがら全体の根拠とする。つまりは、部分をもって全体とする。ここにあるのは、そうした語り口に他ならない。よしんば、他人の手を借りねばならぬできごとを、疎ましく思うひとがいるというのが真理だとしても、それは、できごとの部分真理にすぎず、必ずしも全体真理とは限らない。要するに、ここにある表象戦略とはすなわち、部分真理をもって全体真理となす、という語り口の構造なのである。典型的な神話構造の実例である。

製氷機能をもっていないことから派生するできごとを、もっぱら「製氷機能の欠如」という一点に刈りこんでしまう。ここでは、製氷機能の欠如という技術的特性を、唯一の元凶のように限定してしまっているのだ。なるほど、それもまた、疎ましさをうむ一因かもしれない。しかし、一因であることと、唯一の原因であることとはまったく違う。技術上の特性を「唯一の原因」と結論づければ、その瞬間に、他のありうべき原因はすべて存在しないことになるからだ。要するに、この記事は、疎ましさの原因を解明しているのではなくて、さまざまありうる原因の複数性を隠蔽してしまっているのである。かつてミシェル・フーコーは、テキストを読むときに大切なことは、なにが書かれているかを問うことではなく、なにが書かれていないかを問うことだといった。この記事は、言説分析に際してのその箴言が、まさにあてはまるテキスト現象といえる。このテキストは語っているのではなく、沈黙しているのだ。

科学雑誌の語り口には、普遍的な真理を語っているようにみえるものが多いが、表象論的にみれば、決してそんなことはなく、根本的に普遍性や全体真理に背をむけたり、全体真理を語らずして部分真理のみを増幅するような言説の構図を敷衍《ふえん》したものが多い。この記事に代表されるように、二〇世紀前半、一般のひとびとにむけて、ポピュラー系科学雑誌から発信された言表や表象は、その多くが、全体を部分に還元して、その結果、全体を隠蔽するテキスト構造の轍にはまっているのである。

この記事を成立させている語り口の構造は、なにも特異なめずらしい例というのではない。長年、米国・ドイツ・日本のポピュラー系科学雑誌を、おおむねその創刊号から渉猟してきた経験からいえば、二〇世紀初頭以来、今日にいたるまで、いかなるテーマを扱ったものであれ、およそ科学神話・科学信仰と呼ばれうるようなテキスト現象で、こうした表象構造の枠組みから完全に自由でいられたものは、ほとんどといってよいほど存在しない。その意味で、この記事もまた、明らかにするテキストではなく、隠蔽するテキスト現象、すなわち二〇世紀科学神話の恰好の見本である。

科学神話の落とし穴とは何か。それはいくつもあるが、ここにあるのもそのひとつである。すなわち、技術を語るとき、技術から派生するできごとと、技術そのものとを混同してみせるという語り口である。しかも、技術から派生する、本来は社会的あるいは人間的課題であるはずの問題を、もっぱら技術の問題と同一視し、技術の問題へと刈りこんでみせる。これである。その結果、そこから得られる見立てといえば、「だったら技術を改良すればすべて解決ですね」というものでしかない。

一般に科学至上主義とか、科学技術至上主義というのは、なにもこの世の中で科学技術こそがいちばん尊いとする考え方ではない。そんな傲慢な口ぶりはしないものだ。そうではなくて、科学至上主義の正体とは、本来科学とは無縁なはずのものもふくめて、この世のあらゆることどもを、科学技術のなかに回収してしまう語り口のことでしかない。大抵の場合、その語り口は、専門用語をまじえて理路整然としているうえに、もの静かで、穏やかで、礼儀をわきまえており、控えめだ。決して、独裁者の演説とは違い、口角泡を飛ばして熱弁をふるったりしない。きわめて紳士的なものである。だからこそ、専門家ならぬわたしたち素人は、その表象世界に思わず巻きこまれてしまいがちになる。一九三〇年代、ひとびとが流線形シンドロームに酔いしれてしまったのも、一九五〇年代、超音速神話に固唾をのんだのも、一九六〇年代、原子力神話に希望を託したのも、ことの一端はこうした語り口から来ているのである。二〇世紀は科学の時代といわれるが、むしろ正確には、二〇世紀は科学神話の時代だったと評した方が適切であると言える。

あらためてこの記事は、日常的に獲得された体験の具体性にイメージを限定してゆく。テキストとしては凡庸ながら、その言説の戦略はあなどりがたい。

一般家庭では、冷蔵庫といえばまだ氷塊式冷蔵庫が主流だった時期、天然氷がひきおこす不快さも、危険性も、じつに微視的なイメージとして限定されていく。氷塊式冷蔵庫システムに対する根本的な懐疑を、まったく封殺してしまうわけではない、しかし、それでいて、それを声高に主張するわけでもない。科学信仰にうらうちされた、妙に微温的なトーンが行間をみたす。そしてまさにこの共感を寄せるまなざしによって、一般市民が氷塊式冷蔵庫に対してもっていた二律背反的で受苦的な関係性が、「欠点」としてのみ定義されてくる。こうして、ささいな日常的身振りという細部から、氷塊式冷蔵庫と電気冷蔵庫の違いをめぐる表象世界が形成されてゆくのである。すなわち、電気冷蔵庫の方が、氷塊式冷蔵庫よりも優れているという思いだ。

隠蔽する語り口にのって、時代はゆっくりと、しかし確実に、電気冷蔵庫の時代へと移行してゆく。やがて気がつけば、かつて風物詩だった氷運搬人の姿は、すっかり町から消えていったのである。

暗い過去、明るい未来

新しいものは、古いものへの勝利宣言をしたがる。

大型冷蔵庫は工場やホテルを離れ、小型になって、家庭に入ってきた。『サイエンティフィック・アメリカン』一九〇五年六月一〇日号が、勇躍これを報じている。「小型サイズの『氷なし《アイスレス》電気冷蔵庫』」と題された記事である。

書きだしが、時代の欲望をあらわしている。曰く、冷却保存技術が完成されて以来、ながらく「氷を使わないですむ冷蔵庫」が望まれてきた。しかも、その流れが大型プラントばかりではなく、いよいよ一般市民の家庭にまで及んできた。今般、家庭用小型サイズの電気冷蔵庫が、市販されることとなったというのである【図27】。

【図27】「氷を使わないですむ」。電気冷蔵庫の新機軸は天然氷を使わずに人工氷をみずから作る点であった。家電品は操作の手順を簡略化する。

記事はことこまかく技術的概容を説いているが、詳しく見るまでもないだろう。「冷却装置の基本構造は、大型プラントのそれと同じである」。記事もこう記している。すなわち、「塩水」を使う点こそ違うものの、基本的には、「ブライン冷却機構」を採用して潜熱作用で溶剤を冷却し、庫内を低温に保つシステムであることに変わりはないからだ。むしろ、表象文化論的にみて、このテキストが興味深いのは次の点である。すなわち、電気冷蔵庫を語るとき、ことさら氷塊式冷蔵庫との機能的差異を強調してみせていることである。それは、記事のなかで、電気冷蔵庫の頭に「氷なし《アイスレス》」という表現をくりかえし冠していることに、典型的にあらわれている。

さらに、こうも語っている。曰く、「庫内を低温にする溶剤は塩水なのだが、塩水容器は、これまで氷塊によって占領されていたスペースに置かれている」［傍点筆者］。ここで、「占領《オキュパイ》」という表現が選びとられている点が見逃せない。ささいな修辞学上のできごとだが、それがよってきたる表象構造は、決してささいなできごとなどではない。

本来、科学以外のいかなる情報や価値判断も混入させずに、いわば「純正」に科学現象を報告するテキストならば、つまりは「科学」記事ならば、占領という表現はなじまない。たとえば、「これまで氷塊を収納していたスペース」であるとか、「これまで氷塊を設置していたスペース」であると表記するのが穏当なところであろう。なぜなら、「収納」も「設置」も、その場所になにものかを置く、その結果、そこになにものかが存在するという状態を、とりあえずは、なんらかの価値の枠組みでもって判断せずに認知する姿勢を暗示する言葉でありうるからだ。

それに対して、「占領」という表現は、日常的な言語感覚からすると、ほとんど自動的に、「加害」と「被害」との関係性を想念させないわけにはゆかない。ありていにいえば、占領されるというのは、大抵の場合、単なる受動的立場の表明に終わることはなく、いわば被害者意識とでもいった、受苦的感情あるいは損失感情と共鳴しやすい言葉だからだ。これをひとことでいえば、「氷塊によって占領されていた」という表現を読むことにより、専門家ならぬ一般読者の想念のなかに、氷塊が、加害者とはいわないまでも、なんらか、不当なできごとを遂行してきた存在、本来であれば、手に入れることができたはずの利得なり、利益なりを阻害してきた存在とでもいった判定がなりたちうるからである。つまりは、この言葉によって、氷塊がいわば「悪者」に仕立てあげられてしまう。そんな表象が生まれうるのだ。もちろん、読みの行為というものは、ひとぞれぞれに違い千差万別である。占領という言葉を目にしたからといって、読者すべてが、このように想念するとは限らない。そんなことは当然である。しかしながら、にもかかわらず、少なくとも「占領」という言葉を選択する修辞学上の手立てでは、このような否定的評価がくだされかねないという、ありうべき読みの実践を回避する可能性を確実なものにすることはできない。「いやァ、氷塊を否定的に言おうなどと思ってもみませんでしたよ」。もし仮に百歩譲って、記事の筆者がこう言ったとする。そうだとすれば、この記者は表現者としては未熟だということになる。なぜなら、自分が産出したテキストが「誤読」される危険性を、表現者として、あらかじめ排除する手立てに失敗したことになるからだ【図28】。

【図28】旧式の冷蔵函の内部。右上が天然氷を収納するスペース。大きな氷塊ほど保冷時間が長い優秀な機械ということになる。

わたしは基本的に性善説に立つ者である。いかなる筆者といえども、表現者として失敗した人物であるという前提からは、まず出発することはしない。つまりは、書かれてあることは、とりあえず、筆者の思いを十全に反映したものとして、テキスト現象に向きあうことからはじめる。読者として最低限の礼節であろう。にもかかわらず、というか、だからこそ、この記事の表象構造は気になる。つまり占領という言葉の選択に、立ち止まらずにはおられないのである。ただし、こうした言葉の選び方が、いわゆる記者の「表現意図」だったかどうかは疑わしい。そうでない可能性もある。その可能性は排除しない。ただ、仮にこれが記者の表現意図であったとするならば、氷塊を暗い過去の表徴とみなすという価値判断は、記者そのひとのものだということになる。あるいは逆に、そんな考えは記者の意図するところではなかったとする。仮にそうであったとしたならば――記者が表現者として失敗していないという前提に立つかぎり――このテキスト現象は、記者がおのれの意図以外のところで選びとったものだということになる。論理的にはそれ以外の可能性はありえない。となると、いったいどこでどのようにして、記者はこのように書いてしまえるのかという問題が残る。じつは、これこそが、文化的無意識とでもいうほかないような、時代や社会が共有している「共通感覚」あるいは「いわずもがなの価値の枠組み」なのである。これを称して、時代の表象の枠組みというわけだ。もしそうならば、この記者は、時代の共通感覚として、氷塊を前にして、「利益を阻害するなにものか」という判断を共有していることになる。おそらくは、記者みずからの意識にのぼるまでもない共通感覚として。

以上のことどもを、ひとことでいえばこうなる。すなわち、よしんば記者が、表現意図というレベルで、意識していたにせよ、意識するまでもなかったにせよ、とどのつまりは、氷塊を否定的なまなざしで見るという表象の枠組みにとらわれていたことになる。ただそれだけのことだ。

あるいは、ことさら「氷なし」とくりかえす、あるいは、否定的な読みがなされる危険性を排除せず、「占領」という言葉を選ぶ。こうした修辞学的できごとはささいなことである。しかし、そのささいな手立ての背後にある、表象の枠組みは、明確で、二元論的で、敵対的なものである。それは、電気冷蔵庫VS氷塊式冷蔵庫という二元論。この対立関係をベースにした、敵対的表象世界である。新しい技術が登場するとき、古い技術との熾烈な戦いを勝ちぬいてきた。その痕跡を表明することにより、おのれの新規性と、古いものとの差異化を明らかにする。今日もよく見受けられる表象戦略だ。つまりはこのことによって、ひとびとの間には、たとえば、古いものが利益を阻害する「悪しきもの」あるいは「悪者」であり、新しいものが古きものの圧政をはねのけ、明るい未来を切りひらいてくれる「良きもの」あるいは「英雄」である、というような単純明解な二元論が醸成されてくることにもなる。つまりは、暗い過去と明るい未来。こうした単純な二元論が醸成されてくるのである。

かつて、ヘーゲルは歴史哲学と銘打ち、世界史の弁証法的展開、すなわち進歩史観を説いた。ダーウィンも生物界における進化論を語った。それを受けたか、社会進化論《ソシオ・ダーヴィニズム》が歴史と社会における進化論を語った。そして、それらを理論的背景として、優生学が人種の優劣を、進化すなわち進歩という術語で言挙げした。つまり、歴史も人種も、社会も文明も、進歩するものであり、この進歩するメカニズムは必然であると説いた。要するに、暗い過去から明るい未来へ。こうした図式を敷衍したのである。いずれも一九世紀のことだ。二〇世紀の進歩史観は、基本的にはこの図式にのっている。しかし、もはや社会理論や哲学などとは違い、これまでの語り口だけで満足しなかった。ひとつのまったく新しい術語体系で、こうした必然のメカニズムを語るようになったのである。すなわち、科学の進歩と、科学技術の進歩という術語体系である。

科学神話とは、大袈裟なイデオロギーなどではない。科学神話というのは、大抵の場合、凡庸で、月並みな細部において、ささやかに、穏やかに、しかし確実に進行してゆくものである。これまた、二〇世紀科学神話が得意とする語り口なのである。

ハイブリッドの歴史哲学

新しいものが、古いものに接ぎ木されることがある。

小型の家庭用電気冷蔵庫が発売された。まったくの新機種である。しかし、まだまだ価格が高かった。そのうえ、台所には、これまで使ってきた天然氷を収納するタイプの冷蔵函《はこ》、つまりは保冷クーラーが居すわっている。これを廃棄してしまうのも、なんだかもったいない気もする。どうしたものだろうか。そんな家庭も多かった。

『ポピュラー・メカニクス』一九一二年八月号が、そんな悩める家庭に朗報をもたらした。「家庭用電気冷蔵庫」と題された記事である。冒頭から、今般登場したばかりの新機軸を謳いあげている。曰く、「電気製氷装置を上部に装着するだけで、通常の冷蔵函を、人工的に冷却するタイプの冷蔵庫に変換することができるようになった」【図29】。技術的ポイントはなにか。それは、新発売された「電気製氷装置」を外付けすれば、台所にあるこれまでの冷蔵函も、氷塊を使わないタイプの電気冷蔵庫に変身させられるというのである。要するに、製氷装置だけ購入して、家にあるクーラーボックスに接続すれば、みごと冷蔵庫のできあがりというわけだ。なるほど、これならば捨てることなく、これまであった古い道具も有効利用できるというものだ。

これまでの冷蔵函というのは、「高さ七五センチメートル幅およそ一メートルの木製キャビネット」

で、大抵の場合、「自重六八キログラム、容量九〇キログラム」ほどある。図版にあるように、かなり大型のもので容量も大したものだった。このずっしりとした木製保冷クーラーの上に、製氷装置をのせるわけだ。製氷装置は、出力〇・一七馬力の電動モーターでできており、家の水道管を使って保冷クーラーに接続する。冷却溶剤のアンモニアは「ドラム缶」として市販されており、「六ヶ月に一回だけ」、ドラム缶容器ごと交換するだけでよい。価格は「ひと缶」およそ「五〇セント」と比較的廉価だ。製氷装置のランニングコストは、一日およそ「一〇セント」の電気代ということになる。平均的市民の家計にも、さほどの負担にはならない額といえるらしい。

【図29】旧式の冷蔵函の上部に設置した外付け式製氷装置。冷蔵函本体は19世紀的な堅牢なシルエットのままだ。傍らに立つのは家政婦モデル。

さらに記事はつづけている。曰く、「そのうえ利便性が高い」。たとえば、これまでとは違い、「いちいち氷に塵《ちり》や不純物が混じっていないか」、心配する必要がなくなる。さらに、庫内の「空気中にふくまれる水分」はすべて、「塩水パイプの表面」に「まっ白な霜になって氷結する」ので、庫内には「水滴受け皿」や「配水管」が不要となり、なかの食品は「清潔かつ衛生的に保たれる」。このように謳いあげるのである。

それから一四年後、『ポピュラー・サイエ

ンス』一九二六年一月号も、あらたに外付け式製氷装置キットが市場に登場したことを言祝いでいる。「最新型の電気冷蔵庫」と題された記事である【図30】。その書きだしが誇らしげだ。曰く、「すべて製氷に必要な機械仕掛け《メカニズム》は一体化《ワンユニット》されている」。こう言うのである。さらに記事は、「最新型冷蔵庫」の利点をあげてゆく。この機種は、「稼働時に騒音が少ない」うえ、「注油の手間がない」のが特徴である。接続部分のデザインに工夫がなされているので、いかなるサイズの冷蔵函にも「装着できる」。さらに、「コルク板」で「防水加工」してあるので衛生的かつ快適なうえ、庫内の「清掃」も「簡単」である。「角氷《アイス・キューブ》」を作る「製氷皿」も付いている。すべて揃っているので手は掛からない。やらなくてはならないことといったら、「ひと月に一回か二回」、「ひと晩電源を切って」、「塩水容器に氷結した霜を溶かすことくらい」のものだ。これが記事の概容である。

さて、電気製氷装置外付け式冷蔵庫が、家庭の台所に登場した。なるほど新機軸であり、新しいものである。しかし、そこにはまことに奇妙なできごとが起こっていたのである。それはなにか。

小型でコンパクトになった電気製氷装置という技術革新がもたらした変化は、きわめて大きかった。それは、電力供給システム自体がもつ新しさから来るものである。それはどういうことか。それまで

【図30】すべての製氷機能を一体化しワンユニットに仕上げたモダンなシルエット。ポピュラー系科学雑誌専属モデルが製氷皿を取り出すところ。

の保冷クーラーつまりは冷蔵函は、それぞれが独立しており、保冷するはたらき、天然氷の補給あるいはメンテナンスは、それぞれの家庭で、個別におこなわなければならなかった。実際、主婦たちは氷塊の溶け具合につねに注意を払い、みずから氷販売業者から氷塊を購入しなければならなかったのである。このように、それまで食料の低温保存といえば、各家庭ごとにそれぞれ個別の行為として、独立した、内密な小宇宙の中核をかたちづくってきたのであり、とどのつまりは「孤独なイマージュ」（ガストン・バシュラール）に収斂するものであった。

それに対して電気製氷装置はといえば、電気・電力の供給や遮断が、すべて中央ステーションで一括操作されざるをえないものである。それは、電力会社による一局集中管理システムであり、その管理システム網以外では成立しえない道具なのだ。そこでは、これまでの氷塊による「冷気」とは違って、個人が個人単位で、個別の冷気と緊密な関係をむすぶことが原理的に不可能になってしまうのである。それは、目の前にある「ひとつの冷気」すら、背後にひろがる巨大なシステムがなくては成立しないという事態から来ている。こうした事態は、開闢以来、「冷気の歴史」において、人類がはじめて体験する前代未聞のできごとである。

要するに、そこにある未聞の事態とはひとつのジレンマからできている。すなわち、これまでであれば、目の前にある冷気は、たしかに「わが家の冷気」であって、隣の家の冷気とは違う。つまり、完全にわが家にしかない冷気として自立していたわけだ。しかしながら、電気製氷装置による冷気は違う。電力会社の巨大な電力供給システムの一端に「接続」されないかぎり、冷気はわが家の冷気となりえない。つまり、わが家の冷気は、わが家の冷気でありながら、わが家の外部にひろがる大きなネットワークにすっかり依存する存在になってしまった。つまりは自立から他律へ。冷気の存在論は、すっかり変わってしまったのである。これが、電気製氷装置外付け式冷蔵庫が開示した新しい局面だった。

これはなにも電気冷蔵庫に限った話ではない。あらゆる家電品に言えることである。つまりそれは、電気の時代の存在論に他ならない。そして、それはモダンライフの新局面でもある。モダンライフの存在論は、電気の時代、自立から他律へとおしとどめようもなく水平移動していったのである。今般、計画停電とやらで、ひとびとの暮らしが根本的なところで左右され、一喜一憂せざるをえないのも、すべてこのモダンライフの存在論からきている。わたしたちの暮らしも、その技術的根幹のところでは、自立から他律へとすっかり水平移動させられているわけだ。一九一〇年代、米国のごく普通の台所に出現した事態とは、すなわち、そんなモダンライフのジレンマの初源的な姿であった。

しかし、それはそれとして、他方で、このまったく新しいはずの電気製氷装置外付け式冷蔵庫には、奇妙に郷愁を呼びおこすなにかがあった。つまり、電気冷蔵庫といえども、ことその機能については、とどのつまりは冷蔵函と同じであり、氷蔵や、氷室と、なんら選ぶところがなかったのだ。なにせ、実践的なおこないとしては、それまでわが家にあった保冷クーラー本体を、そのまま流用できたからである。

実際、米国のみならずドイツでも、一九一〇年代、古いものである「冷蔵函」と、新しいものである「電気製氷装置」の接合体。つまり、新旧技術のハイブリッドが人気を博して、普及期をむかえるのだけれども、そこでの人気は、電力供給システムの新しさに起因するのもさることながら、むしろ、慣れてもおり、親しんでもきた、冷蔵函をめぐる記憶や、記憶からくるあらゆる表象世界のゆえであり、さらには、さかのぼって氷蔵や氷室の冷気を想念させる表象世界ゆえであると考えることもできる。というのも、ひとびとは、なんであれ新製品に出会ったとき、そこにある見知らぬ新規性を了解して満足する以上に、そこにある、かつて見知った古いものとの類縁性を見いだして安心するものだからだ。

未来にひらかれており未然態であって、いまだ確定できないもの、そのようなものになんらかの輪郭をあたえようとする。そんなとき、未知のものの姿を決定づけるのが、未知のもののもっている可能性そのものであるよりは、むしろ既知のものとの隣接したイメージである。そんな矛盾にみちた状況は、資本の合理性からくるものであることも間違いなかろうが、それ以上に、イメージ継承の本来的パターンというべきものでもある。マクルーハンにならえば、新メディアが出現するときには旧メディアが総動員されるのである。電気製氷装置外付け式冷蔵庫は、冷蔵函がこれまで発信してきたイメージで語りつくされたのである。

ハイブリッド型電気冷蔵庫という新しい技術は、こうして徐々に実用化され、家庭のなかに統合されていったわけだ。そこでは、たしかに新しいできごとがおこっていた。一方では、そこにおいて、家庭の台所における食料保存にとって、まったく新しい局面がひらかれたのだ。すなわち、これ以降、食料保存という日常的身振りは、およそ電力産業という供給システムの外部において成立しづらくなったのである。電気製氷装置が家庭内に出現することによって、米国の台所に君臨してきた冷気は、もはや、いかなる意味でも、完全なる私的できごとでありつづけられなくなったのだ。かつては孤独のイマージュであった冷気も、いまやネットワーク化してしまったということである。

他方では、しかしそれでいて、冷気が保持している旧来の表象世界ゆえに、その実用価値とはべつのところで、伝統的な審美的享受の対象たりつづけるのでもあった。ここに電気製氷装置外付け式冷蔵庫のもつ、奇妙な新旧同居の二面性がある。つまり電気製氷装置は、伝統的な冷蔵函の存在論と、完全に産業化され無機化してしまうことになる電気冷蔵庫の存在論の中間段階なのだ。ここにこそ、電気製氷装置外付け式冷蔵庫というハイブリッド技術がもつ、奇妙な歴史哲学的価値がある。

第四章　電気冷蔵庫の時代——色彩の政治学

モダンライフの三種の神器

ハイブリッドの時代というのは、つねに過渡的なものである。古いものとの接合体ではなく、それ自体で完結した新製品ユニットとしての電気冷蔵庫が、この直後に登場することになる。いよいよ、電気冷蔵庫の新時代が幕を開けるのである。

ゼネラル・エレクトリック、ウェスティングハウス、デルコ電気照明、アラスカなど、米国の各メーカーが、家庭用電気冷蔵庫の生産に本格的にのりだした。一九一六年前後のことである。もともと氷消費大国であった米国のこと、かなり高額な製品ではあったが、売上台数はのびていった。一九二三年には、全国ですでに二万台が販売されたのだが、一九三三年には、八五万台も売れた。一〇年間で、およそ四〇倍に跳ねあがったのである。その後も売上はのび、一九三六年には二〇〇万台、一九四一年には三五〇万台にまで達した。米国の総人口が一億人になったのは一九二〇年代のこと。世帯数およそ二〇〇〇万戸といったところか。もちろん、アフリカ系アメリカ人をはじめ、欧州からの移民など低所得者層が多かったので、白人中流階級に限定すれば、一九二〇年代では十数軒に一台、一九四〇年代になると数軒に一台の割合で普及していたことになる。二〇世紀初頭、電気冷蔵庫は自動車や扇風機とならび、

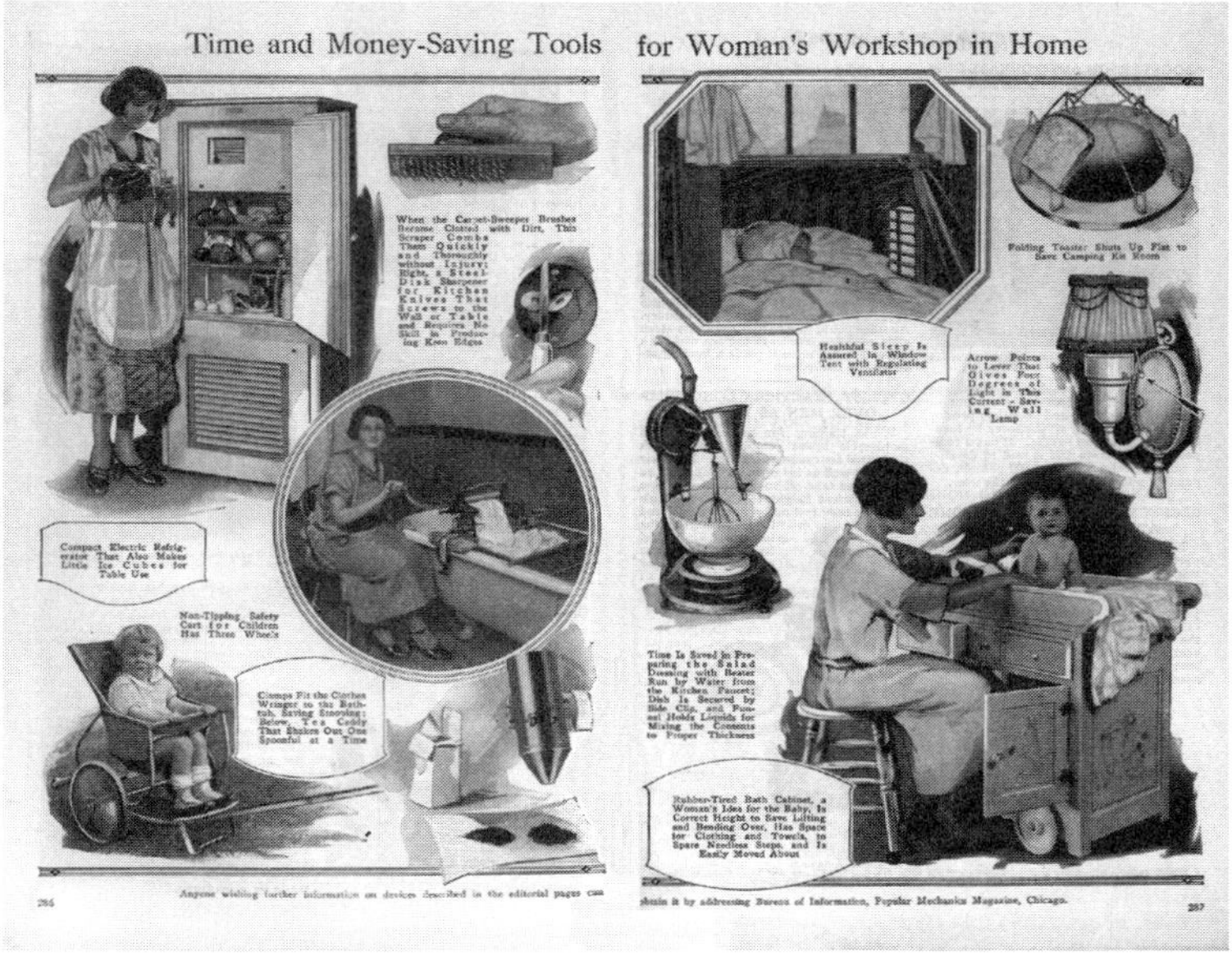

【図31】ポピュラー系科学雑誌でも人気のあった家庭欄のページ。細々とした科学的日用品が一堂に会する。科学と快適な暮らしの合体を示す図像たち。左上端が小型電気冷蔵庫。

すでにして、米国モダンライフの「三種の神器」となったのである。

『ポピュラー・メカニクス』一九二五年八月号がこれを報じている。「女性の家庭内工場《ワークショップ・イン・ホーム》のための時間と出費を節約する道具たち」と題された家庭欄である【図31】。

ポピュラー系科学雑誌の読者層はおもに男性だった。ただ、この家庭欄は、日々の暮らしに役立つ、こまごまとした道具や装置をグラビア風に紹介するコーナーであり、あきらかに女性読者を意識した誌面構成になっている。同号でも、「カーペット用清掃ブラシ」や「バスタブ装着式洗濯絞り器」、「安眠用窓際テント」や「場所を取らないトースト立て」などが、家事を省力化してくれる賢い道具として並んでいる。そこに、今般市場に登場した「小型電気冷蔵庫」も紹介されているのである。曰く、「コンパクトな電気冷蔵庫。食卓で使える小さな角氷も作ることができる」。これだけである。記事はいたって簡単だ。ことあらためて、何も説明する必要もないかのようだ。おそらく、その通りである。この記事では、短信であることそれ自体が、重要なメッセージを発信しているのだ。表象分析の観点からすると興味深いテキストである。

そもそも啓蒙を旨とした科学記事というのは、比喩的モデルや日常的エピソードを好んで援用するものだ。伝えるべき科学情報に対する読者の心理的ハードルを下げるためである。しかし、そうした手立てをとるにしても、伝えたい科学情報が登場したばかりで、それに関する知識を読者がほとんど手にしていない場合、肝心の解説部分というのは、きわめて微に入り細を穿《うが》って懇切丁寧なものになる。先に見た一連の特集記事が良い例だ。しかし、この記事はあっけないほど短信であり文字数も少ない。解説ともいえないほど簡潔すぎる。説明が意を尽くしていないのだ。それはなぜか——理由は簡単だ。製氷装置を外付けするタイプではない電気冷蔵庫が、ひとびとの間に知悉されてきていたからだ。日常生活としては、なかば常識化してきていたと言ってもよい。電気冷蔵庫という科学情報は、いわば、もはや「言わずもがなのことであろうが」とでもいった風情で語られうるものになってきていた。つまりは、それだけ電気冷蔵庫という存在は、一般読者の相当部分に広くゆきわたっていたということだ。この記事の短信ぶりと、解説の寡黙さというのは、電気冷蔵庫のこうした普及ぶりをあぶり出す指標として捉えることができる。ポピュラー系科学雑誌の寡黙さとは、それ自体、まことに饒舌なものである。

もちろん、饒舌に電気冷蔵庫を語るテキストはあまたあった。『上手な家事』一九二五年七月号もそれである。『ポピュラー・メカニクス』が報じたのが同年八月のこと。したがって、その一ヶ月前に語っていることになる。しかも、ここで語られているのは、翌月科学雑誌が報じることとなった製品とまったく同型機種なのである。ちなみに、科学雑誌というものは当時、製品化されたものについて報じる際、決してメーカー名や商品名を明示しないというのが原則だった。だから商品名などが伏せられていたわけだ。ところが、両者のシルエットを比べてみると、明らかに同じ機種であることが分かる。『上手な家事』同年七月号に掲載されたのは広告だ。もちろん饒舌に語っている。「貴女のお家にフリジデアの便利さを」と銘打たれたテキストである【図32】。

オハイオ州デイトンにあるゼネラル・モーターズ傘下の電気冷蔵庫メーカー「デルコ電気照明会社」が、自社の製品「電気冷蔵庫フリジデア」を低価格で販売するらしい。「世界最大の電気冷蔵庫メーカー」と自負していた会社である。まずはテキストの冒頭が呼びかける。曰く、「配線など電気設備がととのったご家庭やアパートなら、どこでも、フリジデアの電気冷蔵庫のすばらしい便利さを、お楽しみいただけます」。こう言うのである。つまり、電気設備が、冷蔵庫を購入するときの絶対条件になる。電力供給網に接続されなければ、モダンの便利も手に入れられないというわけだ。先に見た、孤独のイマージュの崩壊を示す言葉だ。

技術的ポイントも列挙されてゆく。曰く、すべて「キャビネット」に収まっています。家庭用小型機種なので「場所を占領しません」。それでいて、平均的なご家族なら「庫内容量は十分」で

【図32】ポピュラー系科学雑誌が報じたのと同型の小型電気冷蔵庫。モダンライフ神話の語り口は「ご家庭に便利さを」と呼びかける。

す。「ベニヤ板とコルク板」を「五枚」かさねた、「堅牢な作り」になっています。「断熱加工」もしっかりしており、「長い耐用年数」を保証します。「接続」は「コード一本」で簡単にできます。すべて「全自動」で稼動します。もちろん、これまでとは違い、「外部からの氷の供給」に気を遣うことはいりません云々。詳しくはもういいだろう。便利さ、手軽さ、経済性、気遣い不要などなど。モダンライフの使徒としての「良きこと」どもが、すべて揃っている。

さて、わたしたちの関心にとって重要なのは冷蔵庫のシルエットである。イラストながら、そこに描かれているのは、縦長の直線的なキャビネットである。庫内の製氷装置部分のレイアウトこそ違え、装飾を排してスッキリとしたその外観は、『ポピュラー・メカニクス』の家庭欄に掲載された姿と同じものである。現代的な意味における家庭用冷蔵庫の、初源的な立ち姿である。ちなみに、「フリジデア」というのは商品名だ。しかし、二〇世紀初頭、まさに冷蔵庫が全米で売上をのばしていた時代、非常に普及したことからきているのであろう、米国社会の俗語表現では、普通名詞「電気冷蔵庫」を言いあらわすところを、ひとびとは「フリジデア」と言っていたという。いかに同機種が売れていたかという証左であろう。

広告でも告知されていたように、低価格で販売するくらいであるから、この機種は、数あるデルコ社シリーズのなかでも、比較的簡素なモデルだった。同社のシリーズには、もちろん上級機種もあったのである。これについては、翌年、『上手な家事』一九二六年八月号が報じている。「おもてなしに、新しい魅力を加えてあげてください」と銘打たれた広告である【図33】。こちらもイラストながら、横幅は廉価版のおよそ二倍あり、いかにも庫内容量が大きそうだ。冷蔵庫を開けているのも、前年の廉価版では、エプロンをかけた若い女性がひとり、おそらくは都会の「ひとり暮らしの女性」か、「なんでもやる家政婦妻」であろうか。それに対して、この広告では、ホームパーティーででもあろう、華奢なドレスに身をつつんだ女性と、タキシードを着た洒落男が描かれている。こうした意匠にも、販売価格に対応した社会階層的差異が反映されていることは明らかだ。

テキストは、これまた技術的ポイントを謳いあげている。曰く、「まったく新しい金属製キャビネットのフリジデアの美しさに、きっと、貴女はウキウキなさることでしょう」。なぜなら、「フリジデア・シリーズは、光沢のある、まっ白なデュコで仕上げられているからです」。「縁取りは光り輝く金属」。

【図33】フリジデアの大型冷蔵庫。同社製小型機種に比べて収納力がおよそ2倍になっている。化学塗料デュコで塗った外装は白く輝く。

「継ぎ目のない《シームレス》琺瑯《ほうろう》引きで、裏取りがほどこされているのです」。製氷装置は、これまでに「二〇万人以上のユーザーの方々にご満足をいただいている機構と同じ、とても信頼のおけるものです」云々。美辞麗句はまだつづくが、もうこれくらいでよいだろう。ちなみに、「デュコ（Duco）」というのは、米国デュポン社で製造販売された自動車塗装用塗料の商標名である。資料によると、一九二〇年代、米国製自動車の塗装用にひろく用いられたもので、その高い速乾性を特徴とした高性能塗料である。もともと、ゼネラル・モーターズ研究社により開発されたもので、同じ傘下にあったデルコ電気照明会社が、これを用いたのもゆえなしとしない。

一九二〇年代、主婦向けの家庭雑誌やポピュラー系科学雑誌、はたまた日刊紙や一般誌にいたるまで、氷塊を使わない電気冷蔵庫が、ひろく社会に、そのモダンライフの使徒としての存在をアピールしてゆくのである。電気冷蔵庫は、ハイブリッドの時代を脱しつつあったのだ。

白さの神話

色彩の政治学というものがある。

一九二〇年代米国の台所において、はげしい戦いがくりひろげられていた。食品の低温保存をめぐる政権交代劇である。古いもの「氷塊式冷蔵函」と、新しいもの「電気冷蔵庫」、さらには中間的ハイブリッド「外付け式電気冷蔵庫」も加わって、三つどもえの主導権争いがくりひろげられていたのである。

それははげしい戦いであった。互いが、あらゆる手段を使って相手との差異化を図ろうとした。機能的に優れている点を強調するのは言うまでもない。もちろん、暮らしへの利便性がより大きいことを謳いあげもする。ときには、売上高を示す数値をもちだし、みずからの人気ぶりを誇示する。ときには、寄せられたユーザーからの声を誌面に掲載して証言とする。つまりは、一方で、技術的解説や客観的数値をもちだして、消費者の理性に訴えることが試みられた。かと思えば、他方で、台所仕事や食事の世話などをめぐり、一般大衆がいだいている漠然としたイメージや価値観を標的にして、消費者の情理に訴える道もさぐられた。それこそ、あらゆる手立てが講じられたのである。

「白物《しろもの》家電」という言葉がある。戦後日本でも、高度経済成長期前後から、さかんに使われるようになった。冷蔵庫や洗濯機、炊飯器やエアコンなど、日々の暮らしに密着してあれこれと働き、便利さや、快適さを提供してくれる家電品の総称だ。生活家電や家事家電と呼ばれることもある。白物家電、それは要するに、モダンな家庭用電気製品のことである。周知のところだ。

こうした家電品が総称して「白物」と呼ばれる理由は、おもにふたつある。

ひとつは、家電品がもつ「親愛なるさりげなさ」からくるものだ。暮らしのすみずみに寄りそい、痒いところに手が届くように、あれこれとこまめに面倒をみてくれる。そのかいがいしさ、その従順さ、その目立たなさ。つまりは、みずからの存在を誇示することのない無色透明感。そこから連想されてくるわけだ。しかしながら、これはあくまでも比喩表現であって、凡庸とはいえ、ある意味文学的なおもむきをもった修辞学上のできごとであり、こうした意味で、「白物」と冠されるようになるのは二〇世紀後半になってからのことにすぎない。

ふたつ目の理由はより直截的だ。これら家電品が白物と呼ばれるようになったのは、それらが実際に「白い色彩」を身にまとっていたからだ。白い冷蔵庫、白い洗濯機、白い炊飯器。つまり、家電品の外装は白かった。物理現象として、即物的に白かったのである。これまた周知のところである【図34】。

さて、一見これは単純なできごとのように思われるが、しかし、じつはかなり錯綜した問題をふくんだ事象である。結論を少しく先取りすれば、白物家電の「白さ」そのものが、重要な文化的記号としてさまざまなメッセージを発信していた。それは、冷蔵庫や洗濯機の作り手たちを、ある意味で拘束しており、同時にまた、それら家電品のユーザーである一般市民をも、「白さ」がもつある限定された表象の枠組みのなかに絡めとっていったのである。モダンな家電品が、かくもひろく社会に浸透してゆき、二〇世紀を通じて今日まで、平均的市民であるわたしたちを魅了したのも、「白さ」が発信するイメージ世界の表象構造が、近代の哲理そのものに深く根ざしていたからである。これについては後で述べよう。

モダンな家電品の白さが、ある種の拘束力をもつ。では、それはどのようなメカニズムで起こるのであろうか。それをさぐるために、まず、ものを見るとは、一体どういったことなのかを押さえておく必要がある。

そもそも、ものというのは、「自然界にある物質性を備えたもの」である限り、物理的できごとであるといえる。ところが、物理現象というものは、なるほど物理現象ではあるものの、ある時点から、物理現象であることを中断して、物理現象以上のなにものかになる。すなわち、社会的記号あるいは文化的記号に転じるのである。ある時点からとはなにか。それは、人間がそれを見たときから、ということだ。これはどういうことか。

たとえば、「澄みきった青空」があるとする。青空という現象は、まずは即物的なできごとである。太陽光が大気圏に突入する際、大気中に浮遊する微粒子にぶつかって散乱する。そのとき、屈折率の違

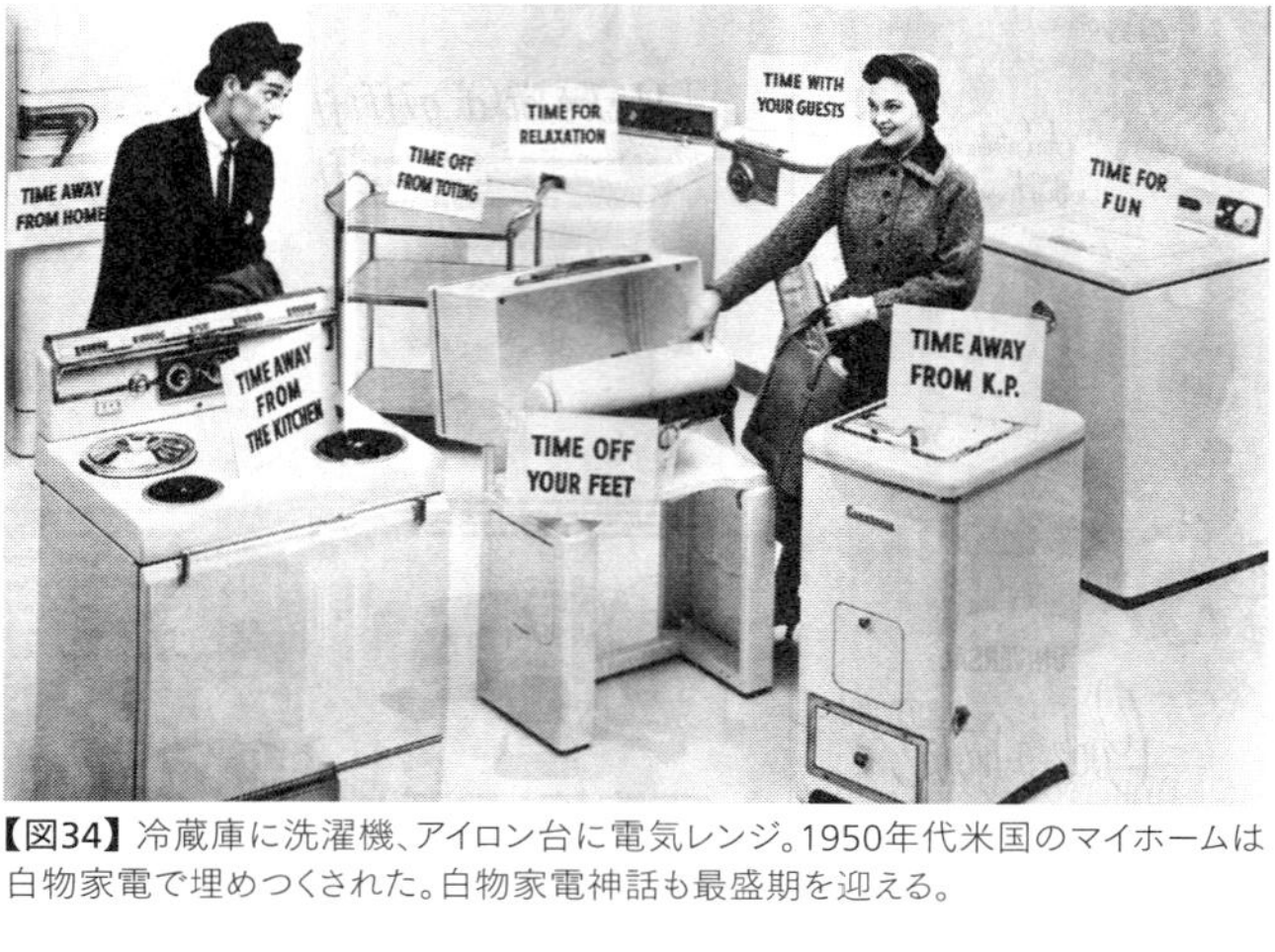

【図34】冷蔵庫に洗濯機、アイロン台に電気レンジ。1950年代米国のマイホームは白物家電で埋めつくされた。白物家電神話も最盛期を迎える。

いにより散乱する度合いが違ってくるのだが、比較的波長の長い青色光が、なかでも大きくひろく散乱する結果、空が青く見えるようになる。つまりは、青空というのは物理現象である。しかし、そんな青空を「見たとき」、ひとびとはそこからさまざまなメッセージ内容を読みとるような感覚をもつ。たとえば、午後の講義で、教師の退屈なご高説を聞いているとき、ふと窓の外を見やると、どこまでも堂々と澄みきった青空がひろがっている。そんなとき、大抵のまともな学生であれば、思わず、教室を飛びだして彼女と散歩に出たいと思い、心が浮きたつかもしれない。あるいは逆に、なにをやってもうまくゆかない、彼女にもふられた。俺はなんてふがいない奴なんだ。そんな思いに駆られているとき、ふと窓の外を見やると、どこまでも堂々と澄みきった青空がひろがっている。そんなとき、太宰治のように自虐のすぎる学生ならば、思わず、このままどこかへ消え入ってしまいたいと思い、心ふたがれるかもしれない。

いずれも自戒をこめたたとえ話であるが、それはさておき。このとき、いったいなにが起こっているのか。簡単にいえばこうだ。

青空は物理現象だ。それは、ひとびとが見ていようと、見ていまいと変わらない。実際、人類が地上に登場する前から、おそらく空は青かったのだろう。しかしながら、人類が生まれ、空をあおぐようになってから、事態は変わった。無論、青空そのものが変わったわけではない。ひとびとが見あげるという条件が生まれただけのことである。青空に問題があったわけではない。問題があったとすれば、人類が言語を習得したというできごと、言語を介して「ものを判断する能力」をもったというできごとの方である。問題と言ったら言いすぎである。ことの原因と言った方がよいだろう。

つまり、青空に限らず、なにかものを見るとき、ひとびとはそれを、「いっさいの価値判断をせずに見る」ことは難しい。なんであれものを見るとき、ひとびとの想念のなかには、そのものについての記憶、そのものから連想されることども、あるいは、目の前にあるものそれ自体ではないにせよ、そのものに酷似したなにものかについてのイメージや反イメージ、そういったあらゆる知識や像が浮かびあがってくる。つまりは、そのものをめぐるさまざまな表象の集積が去来する。それは瞬間的なことであるかもしれず、みずから意識すらできない程度のものかもしれない。それは、ときには文化的無意識とでも言うほかないような、漠然とした表象でもあろう。こうした表象は、個人的体験からくるものかもしれないし、社会や時代によって形成されてきたものかもしれない。いずれもありうる。そうしたとき、ひとびとは、目の前にあるなにものかを、そのような表象の影響をまったく受けずに、見たり認識したりすることはきわめて難しいし、あるものを見たとき、すでにしてなされてきた、それにまつわるさまざまな判断なり価値評価からまったく自由なところで接することは、きわめて困難だ。つまり、ものを見るとき、そのものをめぐって蓄積されてきたいかなる文化資本とも無縁にこれに接することは、難しいということである。これがいわゆる、あるものをめぐる言説的あるいは前言説的諸関連というものであり、そのものを包みこんでいる表象の枠組みというものである。

青空を見るとき、なるほど、ひとびとは純正なる物理現象を前にして、しかしながら、同時に青空をめぐる表象の枠組みに、くりかえし絡めとられているわけだ。そのなかで、もっとも明解で分かりやすい例が「偏見」というやつである。なにかものを見るとき、すでに先行して存在している価値や判断から、完全に自由になるのは困難である。偏見という行為について考えれば、ことの次第はイメージしやすいだろう。

ただ、このとき、ひとつだけ問題がある。偏見などの場合には、そうした事態は、どのようにか人間の「意識」に触れることがありうる。そのようなときには、みずからを顧みて反省もできようし、偏見を捨てるという意識的選択肢を獲得することもできるかもしれない。しかし、仮に、そうした事態が、なかば気がつかぬうちに、ほとんど意識すらできないほどひそやかに起こっていたら、つまり、反省的理性に抵触しないかたちで起こるとしたらどうか。自分では、自分独自の考えで判断しているつもりでも、じつは、自分以外のなにものか、たとえば社会や歴史や文化規範によって醸成されてきていた判断の枠組みに絡めとられていることに、ほとんど気づかない。このときが、やっかいなのだ。自分がそうした事態に巻きこまれていることすら、気づかずに終わってしまうからである。えてして、こうしたことは、どんな社会や時代でも起こりうるものだ。そして、二〇世紀初頭、情報化社会がますます昂進してゆくさなか、いたるところで起こったのである。もちろん、電気冷蔵庫など家電品についても、起こった。とりわけ、白物家電については、その「白さ」をめぐって、さまざまな表象の網の目が交錯したのであった。

新米のはずかしめ

二〇世紀初頭、冷蔵庫たちは白さの神話を戦った。

台所における「冷気」戦争に、電気冷蔵庫が登場したことを、先に見た『サイエンティフィック・アメリカン』一九〇五年六月一〇日号が報じていた。「小型サイズの『氷なし《アイスレス》電気冷蔵庫』」と題された記事である。記事からは、なるほど、氷塊を使わないそのモダンな機構と、小型サイズであるゆえに、家庭に侵入してきたゆえんも了解できた。ところで、あらためて、その外観【図27】を見てみると、「白物家電」ではないことに気づく。外観は「木目調」に仕上がっており、縁も直線的に鋭角で、なにより重厚なたたずまいをしており、威圧的ですらある。まるで、マホガニーかなにかでできた調度家具のようである。ひとことで言えば、白物家電とはとても思えない、重苦しいたたずまいをしているのだ。電気冷蔵庫は、白物家電のはずではなかったのだろうか。

では他方、ライバルだった氷塊式冷蔵函はどうだったのだろう。白物ではなかったのだろうか。

この点を正確に見きわめるには、じつは、この時代、冷蔵庫というのがどのような装置と見なされていたのか、ということを押さえておかねばならない。もちろん、今日では、冷蔵庫といえば家電品であり、台所に置かれるのがあたりまえのことになっている。しかし、黎明期、ことの次第はどうであったのか、やはり今日と変わりなく、台所に置かれるべき存在と考えられていたのだろうか。ちなみに、よしんば便利な装置であっても、台所のような屋内に置くのが適切なものもあれば、たとえば、倉庫や軒下に置くのがふさわしいと考えられるものもある。冷蔵庫というのは、当初、はたしてどこに置くべき装置と考えられていたのだろう。じつは、この点が、冷蔵庫がその後「白物」になってゆくという歴史的事実の、いわば表象論的前提となるできごとなのだ。

主婦向けの家庭雑誌の権威『上手な家事』一九二六年七月号が、この点について証言してくれている。同研究所の性能実験レポート「上手な家事研究所」欄である。同号で取りあげたのは、「冷蔵函」の「保温性能」だった。詳しい技術的データとその解析内容はいいだろう。最終的に示される「暮らしのヒント」としては、冷蔵函は大したものではあるけれど、その保冷機能を過信せず、「できるだけ扉の開閉は迅速にする」、「庫内の清掃は弱アルカリ性洗剤でふきとり、手早くから拭きする」などといったことだ。それ自体については、深追いするのはやめておこう。

わたしたちの関心にとって重要なのは、実験レポートのなかにある次のような指摘である。すなわち、とにかく「湿気は大敵」です。本体の「木枠《ケーシング》」に深刻なダメージが及びます。そのままにしておくと、「木製部分全体がたわんだり、板の表面がくすんだりしかねません」。だから、こまめに庫内や本体接合部、冷蔵函全体の表面を「タオルでふきとるようにしましょう」。このように湿気対策の重要性を説いている。そして、やおら次のように注意するのである。曰く、

> 木枠を最良のコンディションに保つには、冷蔵函を裏のポーチに置くのはお奨めできません。ポーチでは雨風に晒されて、木枠がたわんでしまうのを防ぎようがないからです［傍点筆者］。

多言は要しまい。冷蔵函をポーチに置かないようにしよう。なぜならポーチとは雨風に晒される場所だから、つまりは、事実上「屋外」だからです。こう言っているのである。

家事の権威から全米の主婦たちに贈られる、この心温まるアドバイスから浮かびあがってくるのは、ひるがえって、冷蔵函というものが必ずしも台所に置かれていたわけではない、という現実である。いや台所どころか、「屋内」にすらその居場所を確保させてもらえなかった。あろうことか、裏のポーチという、吹きさらしの屋外に置くのが適切とみなされていたこともあった。こうした事態が見えてくる

のである。

かつてヴァルター・ベンヤミンは『一九〇〇年前後のベルリン幼年時代』（一九三二〜三五年）で、「電話機」が受けた「はずかしめ」について語っていた。一九世紀末、電話機が社会に普及した。オフィスや官公庁でさかんに使われるようになってきた。やがて、家庭内にも電話機が「侵入」してくることになる。しかし、公共空間ではすでにモダンな道具としての評価をうけていたにもかかわらず、私的空間である家庭にもちこまれた「その新米の頃」、電話機は「はずかしめ」を受けた。それはどういうことなのか。技術的制約から、当時の電話機の「呼び鈴」は「ひどくけたたましい」ものだった。そのために、家族がくつろぐ居間や寝室に「入城」するのを許されなかったのである。とつぜん鳴りひびく呼び鈴は、家庭のあらゆる平安を「破壊する」と感じられたからだ。その結果、黎明期、電話機は「裏廊下の片隅の、洗濯物入れの長持ちとガスボンベとのあいだに、追放されたようなぶかっこうな姿で掛かっていたのだ」。情報時代の寵児も、家庭でははずかしめをうけたのである。やがて、技術改良がなされ、呼び鈴が「和らいだ響きに変わってゆく」につれ、「新米の頃に味わったはずかしめを乗り越えて」、ようやく「明るい部屋に、王者のごとき入城を果たしたのだった」。こう述べているのである。

ケータイが普及した現在、固定式の電話機は分が悪い。しかし、つい数年前まで、家庭用電話機は居間やリビングルーム、あるいは玄関先など、「明るい部屋」に鎮座ましましていたものだ。ところが、そんな電話機も黎明期、その機能的な便利とは別に、家庭の平安にとってなじまないものと感じられ、いとわしく思われたことがあった。そして、家庭の平安を阻害しないという機能がそなわってはじめて、わが家の中心部に「入城」することを許されたというのである。

さて冷蔵函である。二〇世紀初頭、いまだにポーチに置かれることも稀ではなかった冷蔵函。台所という「明るい部屋」への入城をこばまれた冷蔵函。雨風に晒されることも引きうけるように、強いられた冷蔵函。なるほど、広告や家庭雑誌は、微温的な言説でもって言挙げしていたが、それはそれ。辛辣な思想家の慧眼にかかれば、おそらく、「ぶかっこうな姿」で軒下に「追放」されていたと評されるべき扱いだろう。生活倫理の実際とは別の次元で、文化論的には、そう評されてしかるべきである。冷蔵函、それは、その優れた冷却機能は愛《め》でるに値するが、しかし、台所に置くものとは言いがたい。むしろ、台所に隣接したポーチなり、倉庫なり、廊下なりに置かれるべきなにものかである。一九世紀末から二〇世紀初頭にかけて、おおむね、そうした道具と見なされていたのは想像にかたくない。

こうした視点を考えると、冷蔵函の多くが、当初から白物ではなかったという理由も浮かびあがってくる。それは、冷蔵函というものが、その基本的機能については今日の冷蔵庫と同じようなものだったにもかかわらず、今日の冷蔵庫がそうだと見なされている家電品としての評価とは、別の評価をえていたということである。それは、親愛なるさりげなさを体現した家事道具というよりは、信頼できるけれども、わが家の私的空間性にどこか「なじまない」機械仕掛け、とでもいったような位置価値をもっていたということである。

冷蔵函が新米のころ、その大方の機種は白物ではなかった。その理由はこうだ。すなわち、冷蔵函が木目調のいでたちで、直線的な怜悧なデザインだったのは、むしろ、高性能な機械仕掛けとしての「ある種の近寄りがたさ」という、必ずしも否定的ではない表象の枠組みのなせるわざだったのである。

まるでピアノのように

表象構造とは多層的なものである。

ひとびとが想い描くイメージ世界とは、一筋縄ではゆかないものだ。冷蔵函をいかなるものと感じとるか。この問題についても、じつは、同時にさまざまな表象世界が立ちあがってくるのである。ときには、ひとつのものをめぐっても、対極的なイメージ世界が乱立することがあるのだ。

『上手な家事』一九二五年六月号に掲載された広告が、そうした事情を証言してくれている。「ガーニー標準冷蔵庫」の広告だ。冷蔵庫と銘打たれているが、正真正銘の冷蔵函である。広告のヘッドラインが示唆に富んでいる。曰く、「彼女の宝物箱《トレジャー・チェスト》です！」【図35】。

イラストも付いている。新婚カップルでもあろうか、若い男女が、清潔そうなリノリウムの床のうえに置かれた氷塊式冷蔵函「ガーニー標準冷蔵庫」の前に立って、談笑している。テキストは説明してくれる。曰く、「彼女が母親と暮らしていた頃――それは、もう思い出せないほど昔のことですけれど――ガーニー冷蔵庫が、家族のために役立っていたものでした」。そして、結婚した今、「もちろん彼女の新居でも、ガーニー冷蔵庫は、彼女のいちばんのお気に入りのひとつなのです」。なるほど、少女時代から、親しんできた冷蔵函は、今でも立派にその役割を果たすことができる。古くからある伝統的な道具だけれども、まだまだ現役で活躍しています。記事の言いたいところは、およそこんなところだろう。テキストはさらに念を押すように、ユーザーからの声を紹介してもいる。曰く、「先日、愛用者の方からお手紙をいただきました。もう三〇年もの間、ずっとお使いいただいているというのです。そして、まだまだこれから何年も使えると仰るのです。なんという経済性でしょう。百万台以上もお買いいただいた理由のひとつです」云々。なにせ、はげしい戦いである。みずからの特徴を前面に押しださねばならない。古いもの「冷蔵函」の場合は、とりわけ、これまでの輝かしい実績と評価である。ここにある表象戦略は、当然のことと言わねばなるまい。

さて、ここで重要なのは、冷蔵函が置かれている場所である。もはやポーチではない。屋内空間になっているのだ。これは見逃せない。この広告のイメージ世界では、いったいなにが起こっているのだろうか。

【図35】木目調の表層が発する文化的記号性は多層的だ。優秀な機械からさりげない家電品へ。白物家電をめぐる価値判断は変容してゆく。

まず目につくのは、その外観である。イラストにも明確に描きこまれている。それは、見事なまでに渦を巻いた「自然木の木目」である。これまた、重厚で落ちついた雰囲気をかもしだす木製家具のような印象を与えている。そういえば、ヘッドラインも言っていた。「彼女の宝物箱《トレジャー・チェスト》です!」。チェストというのは箱のことだが、もともとは、貴重品などを収納する大型の箱を指し、「整理ダンス」と訳されることも多い調度品だ。場合によっては——欧州や米国における伝統的な家具がそうであったように——母から子へ、子から孫へと、代々継承することもできる貴重な家具なのだ。要するに、ひとことで言えば、この広告における冷蔵函というのは、便利な「道具」ではあることに変わりはない。しかし、なにかが変化してしまっている。つまり、ここで冷蔵函は、もはや、「裏廊下の片隅」にでも「追放」しておくのが至当ななにものか、ではなくなっているのである。屋内に置かれるのがふさわしいなにものかに、変化しているのだ。しかも、それればかりではない。さらに事情は昂進しているのである。裏廊下やポーチから救出され、屋内に凱旋することができたわけだが、「台所」に置かれるのかと思いきや、そうではない。一挙に、台所を通り越して、台所とも断言できないような、なにやら明るく、快適な室内に置かれているのである。そして、まるで立派な家具ででもあるかのように、設置されているわけだ。

この奇妙な、一足飛びの空間移動が示すのは、次の一点である。すなわち、このイラストを成立させている表象世界において、冷蔵函は貴重な家具と等価なものとして表象されているのである。

あらためて見直せば、冷蔵函が置かれている空間は、台所の壁際かどうか判然としない。流し台とか食器類とか、通例であれば台所にあってしかるべき道具類が描きこまれていない。見ようによっては、まるで居間のようでもある。もちろん、実際には冷蔵函というのは、やがてポーチを脱して室内への入城を許されるのであり、なおかつ、ほぼ例外なく台所に置かれていたものだ。とりわけ、都市部の狭いアパートなどの住環境からしても、そうしたものだった。それが二〇世紀初頭、米国の市民生活における共通感覚だった。したがって、この空間はまず台所に違いない。しかし、そうであるはずにもかかわらず、明示的に台所であることを図像として描いていない。他ならぬこの点にこそ、当時、冷蔵函をめぐって起動してきていた表象の枠組みが反映しているのである。これをひとことで言えば、冷蔵函はここで、道具ではなく家具としてイメージされているということである。それが、この広告を成立させている表象の枠組みである。

冷蔵函をまるで貴重な家具のようにイメージする。二〇世紀初頭、こうした表象を示している例は他にもある。ミネソタ州セント・ポールに本社を置く白色琺瑯《ほうろう》冷蔵庫社製「サイフォン冷蔵庫」の広告である。「オーク材」を使って、重厚な仕上がりを見せる冷蔵庫を推奨している。曰く、「何年間もの使用に耐えられる」ように、堅牢に作りました。このように、じょうぶな構造を説明したあと、やおら、次のように語るのである。曰く、

それは、まるでピアノのようです［傍点筆者］。

くだくだしく言うまでもないだろう。ピアノといえば、ときに世代を越えて伝承されてゆく財物のなかでも、堅牢で、貴重な家具調度のひとつである。あろうことか、ここでは、保冷箱が、そんなピアノとの類比関係において語られているのである。この語り口において、保冷箱が貴重な家具と等価であることは明白である。

道具である以上に家具に近いものとして表象されていた。おそらく、こうした表象的できごとがあったと仮定してはじめて、冷蔵函の外観に、重厚感を重んじて、木目なり自然木のデザインがほどこされた理由が分かる。ただし、ことは二段階になっている。同じ木目といっても、一九世紀末、裏廊下に追いやられていた道具としての冷蔵函が木目であったことと、二〇世紀前半、同じ冷蔵函でありながら重厚な家具に似て木目があったこととは、まったく違ったできごとなのだ。前者は、くつろぎの場になじ

まない高性能な機械仕掛けがもつべき木目であり、後者は逆に、くつろぎの場にふさわしい家具がもつべき木目なのである。ポーチを脱出するばかりか、台所までをも通り越し、いっきょに居間にまで跳躍する。この対極から対極へのはげしい移動ぶりは、当時、冷蔵函の木目をめぐる表象世界が、いかに錯綜した多層構造になっているかを示している。

ことは、なにもガーニー冷蔵庫だけにとどまらない。貴重な家具という表象世界は、あげてゆけば枚挙にいとまがない。『上手な家事』一九二五年二月号もそれを証ししている。グランド・ラピッド冷蔵庫社製「レオナルド冷蔵庫」の広告である【図36】。「二七年間で最高のバレンタインデーだわ」と題された広告だ。登場人物は老ケンドリック夫妻。架空の人物設定かもしれない。どちらでも構わない。二七年間も家事一筋につとめてくれた妻に、夫がプレゼントを贈った。そんな意匠である。妻が見るなり、思わず、今までで「最高」のプレゼントと嘆息したものこそ、氷塊式冷蔵庫「レオナルド冷蔵庫」だったというわけだ。

ちなみに、同社のレオナルド冷蔵庫シリーズを開発した人物はチャールズ・レオナルドという。米国でも屈指の製氷装置の改革者である。一八八五年、氷塊式冷蔵庫の庫内の棚を、米国ではじめて金属製にしたのも、開閉扉を錠前式ロック・システムにしたのもこの人物である。つねに先進性を追求した機種であったせいか、一九世紀末前後、レオナルド・シリーズはもっとも人気の高かった冷蔵函だった。

さて、図版を見ても分かるように、そんな人気絶頂の冷蔵函も、外観は防水加工した板張りで、木目もあざやかに上品かつ堅牢な仕上がりになっている。もちろん、色調は木目の自然木のそれであって、決して「白物」などではない。

ところがである。これまた、ひと目で気づくことなのだが、なるほど外観は、家具と見まごう自然木の木目を模しているのではあるが、その一方で、庫内の側壁や床面、あるいは全開した開閉扉の内側は、他ならぬ「白色」になっているのだ。この部分だけは、なぜか白物なのである。もちろん、それには理由がある。それも機能的理由だ。

じつは、この内部にある白色部分は、琺瑯引き加工をした内装なのである。多言は要しまい。防水性ないし耐湿性を担保するためである。野菜などの食材から出る水分、冷気により内壁などに結露する水分、さらには、氷塊が溶けて受け皿にたまる大量の水。これらの水分や湿気から、冷蔵函本体の基体である木製の構造体を、防護するためである。本体の木組みを腐食させない。これが内装に関してだけは、琺瑯を使わねばならなかった技術的要点だったわけだ。

以上をまとめると、氷塊式冷蔵庫の存在論は、かたや外観については、あるときは、くつろぎの場になじまない道具としての表象の枠組みによって、記号論的かつ審美的に木目となり、またあるときは、伝統的な家具をめぐって堆積してきた表象の枠組みによって、審美的かつ文化的に木目と

【図36】長年連れ添った愛妻に贈る大切なプレゼント。外装はピアノのように重厚な木目調。内装は清潔な白い琺瑯引き仕上げ。ここにあるのは二重の表象構造だ。

なる。かたや内装については、防水性ないし耐湿性を担保するという表象の枠組みによって、技術的かつ機能的に琺瑯引きとなったわけである。氷塊式冷蔵庫の表象メカニズムは、外観は審美的なそれであり、内装は技術的なそれである。ふたつの異なる表象世界の奇妙な混淆状態といわざるをえない。

真夜中の軽食

白さの神話は錯綜していて、ややこしい。

三つどもえの覇権争いは、あいかわらずつづいてゆく。木目の外装をめぐるイメージたちのもつれた糸も、あいかわらず解けないままつづくのである。そして、中間的ハイブリッド「製氷装置外付け式冷蔵庫」もまた、この錯綜に巻きこまれていたのであった。

『ポピュラー・サイエンス』一九二六年一月号を先に見た。「最新型の電気冷蔵庫」と題された記事である【図30】。接続部分のデザインに工夫がなされているので、どんな大きさの冷蔵函にも装着できると豪語していた機種だ。あらためて、この機種の外装に着目してみると、やはり白物ではなく木目調に仕上げられているのが分かる。これまで冷蔵函の図版を見てきたわたしたちの目には、この機種が、古いもの「冷蔵函」のシルエットそのものであることは明白だ。もちろん、考えてみれば、それは当然のことであってなにも驚くにはあたらない。なにせ、新しい電気製氷装置を、古い冷蔵函そのものに接続しただけのことだからだ。したがって、これまた図版からも見てとることができるように、外装は木目ながら、内装は白色の琺瑯引きになっているわけだ。ここまでなら、言挙げするまでもないできごとである。

しかし他方で、同じく冷蔵函でありながら、内装のみならず外装までもが白色のものに、製氷装置を外付けした機種が報じられてもいるのである。『ポピュラー・サイエンス』一九二三年六月号だ。「新しい自動冷蔵庫なら氷は必要ない」と題された記事である【図37】。今般、新しい外付け式製氷装置が登場した。氷塊の代わりに「化学溶剤」「塩化メチル」を使うので、これを装着して、冷蔵函を「自動電気冷蔵庫」に「仕立てあげれば」、夏場、氷運搬人が遅れたり、注文を忘れたりしても、食料品を腐らせてしまうことがない。小型電動モーターが内蔵されており、これが駆動して、塩化メチルを「気化」させ潜熱作用で冷却させるのだ。メカニズムはこれまでと変わらない。性能が向上しているとはいえ、これまで見てきた製氷装置と選ぶところがない。

【図37】旧式の冷蔵函にも白い外装が登場する。白い神話圏は新旧タイプの冷蔵庫の双方に襲いかかってゆく。白物家電の夜明け前のイメージ世界は白色をめぐって錯綜した表象体系を見せている。

ところが、これまでのものとは明らかに違う点がある。それは、そもそも製氷装置を外付けすべき冷蔵函本体が「白色」なのである。白い冷蔵函が使われているのだ。今までになかったことだ。これはどうしたことだろう。答えは簡単だ。木製の外装が、白く塗られているだけのことである。

じつは、冷蔵函イメージをめぐる事態は、まことにややこしい。よほど注意しなくてはならない。

これまで、冷蔵函は木目調だと言ってきた。だから家具なのだと。しかし、正確に言えばこうだ。木目調だったのは、冷蔵函の「大方の機種」だった。つまり、なかには「白色の冷蔵函」もすでにして存在していたのである。

保冷箱の外装について、実際に起こったことは次のようなできごとである。一方で、木製の外装をした冷蔵函がある。もちろん見た目は木目調だ。ところが他方で、数少ないとはいえ白色の冷蔵函がある。そして、時系列に即していえば、木目調の保冷箱が先に誕生し、次いで白色の冷蔵函が登場した。ことの次第はこうである。決して、その逆ではないのだ。

さて、『ポピュラー・サイエンス』同号が紹介している、製氷装置を外付けされた冷蔵函というのは、いうまでもなく本体が木製でできている。それはシルエットからも分かる。したがって、この機種が白いのは、本来木目をもっていた木製本体を「白い塗料」で彩色しただけのものなのである。それ自体、白色をした冷蔵函として生産されたものではないのだ。したがって、ピアノのような家具の表象をその基盤としていることは明白だ。

しかし、家具の表象を基盤にしてはいるものの、そもそも、白く塗るという手立てを講じることによって、これまでもっていた「家具性」は揺らがざるをえない。重厚さなり落ち着きといったイメージは改変を迫られずにはおかない。それは、冷蔵函に限らず、一般的な家具を「白く塗りかえる」という場面を想像すれば分かりやすいだろう。今日でも、木目調の家具を白く塗りかえるというのは、なんらかこれまでの家具とは違う印象を附加することになるからである。そこでは、軽快さが目指されているのかもしれず、やさしい印象が目指されているかもしれない。つまりは、木目の重厚さや質感とは違って、「白さ」そのものがもつ表象内容が目指されているわけである。

それに対して、木目を白い塗料で塗りなおすのではなく、最初から白い冷蔵函として生産された機種というのは、そもそも存在していたのであろうか。

もちろん、存在していたのである。これについて証言している記事がある。家庭雑誌『コンパニオン』一九〇八年三月号に掲載されたものだ。「ボーン・サイフォン冷蔵庫」の広告である。木目調の重厚な冷蔵函を、「まるでピアノのようです」と評した会社の製品だ【図38】。図版を見れば一目瞭然。全体が白い。内装は言うに及ばず、外装までもがすっかり白色で覆われている。文字通り、白物冷蔵庫に仕上がっているのである。

【図38】19世紀型女主人が冷蔵庫の傍らに立つ。20世紀型の家政婦妻とは違い、みずから家事を行っているわけではない。世紀初頭は過渡期の時代だ。

「家庭でも冷却保存を」と銘打たれた宣伝文は、その新機軸を謳いあげている。冒頭の書きだしが印象的だ。曰く、「人混みでごったがえした室内にいると、すっかり生気をうばわれ、疲れてしまうものです」。「空気が滞留している」せいではありませんか。そして、すかさずたたみかけるのである。「これまでの古いタイプの冷蔵函や冷蔵庫も同じです」。庫内の空気が滞留していては、「貴女が口にする食材に、有害な影響を及ぼしかねません」。だから、「恒常的に空気を環流させる」ことが必要なのです。この「ボーン・サイフォン冷蔵庫」なら、「絶対に空気を滞留させません」。内蔵した「回転翼」が、つねに空気を「環流」させるからです。空気中にある「不純物をふくんだ湿気」を、大切な食材から遠ざけるのです。他の機種と違う新機軸とは、この庫内空気の環流システムなのです。このように解説してみせるのである。そして、最後にこう喧伝するのだ。曰く、この自慢の新製品を貴女にお届けする会社とは、わたしども「白色琺瑯《ホワイト・エナメル》冷蔵庫会社」なのです。多言は要しまい。全身を白色でまとったこの冷蔵庫の素材は、琺瑯なのである。木製ではないのだ。

要するに、古いもの「冷蔵函」といっても、その本体は二種類の素材からできていたのである。ひとつは木製のもの、もうひとつは琺瑯製のもの。これである。無論、木製のものが先行機種でもあり、生産台数も多かった。しかし少数派とはいえ、すでにして琺瑯製の「白い冷蔵函」も市販されていたのである。

さて、そうすると、後年「白物家電」といわれるようになる「モダンな道具」の直系の先祖は、この琺瑯製の白い冷蔵函ということになるのだろうか。じつは、答えは少しく複雑だ。すなわち、半分はその通りであるが、もう半分はそうではない。これが正確な答えである。少々ややこしい。これはどうしたことであろうか。

簡単にまとめればこうだ。なるほど、この新機種は内装も外装も琺瑯でできており、どこからどこまでまっ白である。では、この機種が、伝統的な欧州家具がもっていた重厚感や威圧感と、まったく無縁ななにものかであるのかといえば、必ずしもそうではないのである。

たとえば、図版をひと目見たときの印象はといえば、親愛なるさりげなさといったものではない。暮らしのすずみに寄りそう、かいがいしさ、その従順さ、その目立たなさ。つまりは、みずからの存在を誇示することのない無色透明感。こういった記号性を発信するといよりは、むしろ、さながらホテルや病院などの厨房にふさわしいような、凛とした清潔感や、堂々としたたたずまいを見せている。食材に悪影響を及ぼす不純物をとりのぞく、その新機軸とあいまって、いっさいの汚濁や、汚染をはねつける衛生的な潔癖さ、衛生装置としての信頼性。こういったことどもの方が先に立つ印象をあたえている。

それに加えて、冷蔵函の下に書きこまれた「真夜中の軽食」というキャプションと、脇にたたずむ女性の記号性も示唆に富んでいる。この図像に描きこまれた物語とは、おそらく次のようなものだ。このうら若き女性は、一家の女主人である。決して、なんでもひとりでやる家政婦妻ではない。夜会か夜の晩餐からもどったのでもあろうか、そのいでたちは華麗であり、一九〇〇初年代の流行の最先端をゆくモードである。飾りのついた帽子からもそれは分かる。つまり、彼女は冷蔵函の扉をみずから開けているのだが、決して、「家事」をしているわけではない。キャプションにもあるとおり、ひとり静かに「お夜食」をとろうとしているのである。日中であれば、すべて家政婦か召使いがやってくれる。しかし、さすがに真夜中である。使用人たちも自由時間だ。よもや、そこまで手を煩わさせるのも気の毒だ。そこで、伝統的な女主人としては、本来なら厨房などで家事をするわけではないが、気遣いから心やさしく、みずから冷蔵函の前に立った。おおむね、こんなところだろう。

つまり、ここに描かれている女性は、いまだ一九世紀的な女主人であり、決して、モダンな主婦ではない。してみれば、そのライフスタイルもいまだ女家長としてのそれであり、なんでもやる家政婦妻のそれではない。そうした暮らしのスタイルをめぐる大きな文脈のなかに登場する限り、この冷蔵函は、モダンなライフスタイルの中で登場してきたモダンな家具とは、そもそも存在論が違ってこざるをえない。つまりは、なるほど全身まっ白な冷蔵函ではありながらも、そこにあるのは、台所技術者が自家薬籠中のものとするように要請された、二〇世紀的な家電品のそれというよりは、むしろ、あいかわらず伝統的な一九世紀的な家事道具のそれに他ならない。まっ白でありながら、そこにあるのは、親愛なるささやかさというよりは、女主人の家長としての凜としたさまに照応する、高性能な新型冷蔵函の堂々としたたたずまいに他ならない。

この白い冷蔵函というのは、確かに、木目調の家具とは見かけがまるで違ってはいるものの、ことその存在論としては、いまだに伝統的な暮らしの基調、あるいは一九世紀的なライフスタイルのそれと、むしろ近しいものを共有しているのである。

第五章　白物家電の誕生——二〇世紀の神話

まるで陶器皿のように

一九〇〇初年代、すでにして白い冷蔵函が誕生していた。なるほど、それは木目調の家具のイメージとは違ったものであった。しかし、だからといって、モダンな白物家電のイメージそのものでもなかった。いまだ、一九世紀的な生活様式にふさわしいなにものかという表象世界を、母斑として負っているものだったのである。

二〇世紀初頭、誕生した白い冷蔵函は、それとして長く愛用されてゆくことになる。家庭雑誌『コンパニオン』一九二二年六月号がこれを報じている。ボーン冷蔵庫社製「サイフォン冷蔵庫」の広告である。木目調の重厚な冷蔵函を、「まるでピアノのようです」と評した会社の製品だ【図39】。図版を見れば一目瞭然。全体が白い。内装は言うに及ばず、外装までもがすっかり白色で覆われている。文字通り、白物冷蔵庫に仕上がっている。ちなみに、ボーン社というのは、白色琺瑯冷蔵庫社が社名変更をした新しい名称である。企業体としてはほぼ同じものといってよい。

宣伝文に曰く、「ボーン社製サイフォン冷蔵庫は、食料保存にかんして、これまでも長い間にわたり、他の追随を許さない効率性と経済性を発揮してきました」。このように豪語しているのである。そして、

テキストは次のように託宣してみせるのだ。すなわち、これまでわたしたちが提供してきたもの、それは、

オーナーの誇り《プライド》とでも言うしかない満ちたりた感覚《フィーリング・オブ・サティスファクション》です。実際に持ったことのない方には、お分かりいただけないものです。

このように定義してみせるのである。満ちたりた感覚、すなわち満足感、これを「これまでも長い間にわたり」提供してきたというのだ。

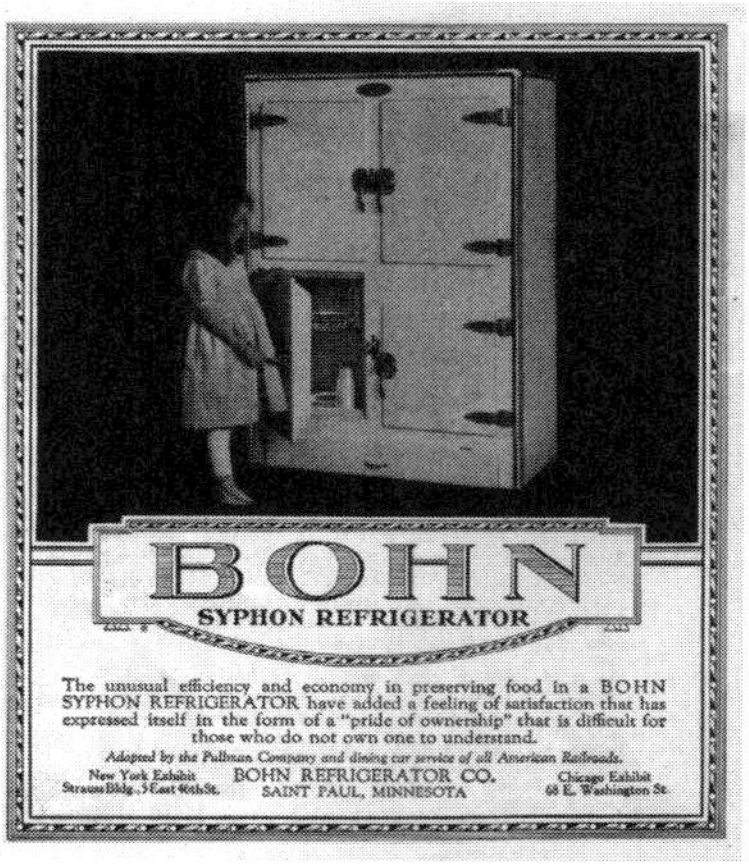

【図39】白い外装の冷蔵庫はオーナーの誇りを満たしてくれる。誇りとは実利的価値ではなく審美的価値である。冷蔵庫の哲理もシミュラークルの世界に向かう。

結論から言えば、この全身白色をした冷蔵函は、いまだ家具なのだ。ここで言われる満足感とは、いまだ、ピアノのような家具のもつ重厚感からえられる伝統的な満足感なのである。決して、いわゆる白物家電のモダンさからくるそれではない。およそ満足感というならば、これまでの製品でも得られていたことだろう。少なくとも、製造会社たるボーン社は、自社製品への自負として、これまでも顧客を満足させてきたと自己理解していたことは間違いない。そうであるならば、満足感

というのは、なにもここにきてはじめて芽ばえた感情であったはずがない。ということは、あらためて言うまでもないそんな言葉を、表象戦略として、ここであえて使っているということになる。こうした表象戦略が可能になるのは、次の場合だけだ。すなわち、これまでにも増して、さらなる満足感を感じてもらえる「新しい手立て」を製品化しました。つまり、今回の製品には、これまでにない新機軸をもりこみました。こうした自負が背景にあればこそだ。こうした自負を背景にしているからこそ、満足感という、いまさらという感をぬぐえない言葉が発信されていることは明白だ。

ではいったい、今回の新製品にもりこまれた新機軸とはなになのか。この宣伝文は、これについてなにも語ってはいない。つまり、ここで「新機軸」と考えられているものは、あいかわらず、先に見た、庫内空気を滞留させないための送風装置である以外ない。一九〇〇初年代に登場した送風装置以外に、新機軸と謳われているものはテキスト上見あたらない。ここでいう満足感というのは、庫内送風装置によってえられた新規性からきたそれが、そのまま延命しているということである。それまでの機種に比べて新機軸と呼ばれるべき機構上の工夫が、新たにつけ加えられたという改変を示す文言がない以上、この機種が、あいかわらず一九世紀的な表象基盤によって立っていることは明白である。

ところがこの時期、驚くべきことが起こる。古いもの「冷蔵函」をめぐり、表象の一大転換が生じはじめたのである。しかもそれは、サイフォン冷蔵庫と外装が酷似したまっ白い冷蔵函の、ある機種をめぐって生じたのである。

『上手な家事』一九二五年二月号に掲載された広告が、それを証ししている。先に見た、「二七年間で最高のバレンタインデーだわ」と題された広告だ。

夫が糟糠の妻にプレゼントしたのは、木目をした家具調の冷蔵函だった。ところが、同じ広告のなかで紹介されている自社製品のラインナップには、木目調のものばかりではなく、じつは、「白物」冷蔵函も存在していたのである【図40】。グランド・ラピッド社製「レオナルド冷蔵庫」の一機種だ。

みごとに全身を白色で包みこんでいる。レオナルド・シリーズにとっても、これが人気機種であるという。くだくだしく説明などせず、実物写真だけで強く印象づけようとしたボーン社とは違い、グランド・ラピッド社の宣伝文は、ことこまかに技術解説をしてくれている。曰く、多くの新機軸を盛りこみ、「抜群の保冷性能」を実現しました。たとえば、「北極防水布《ポーラー・フェルト》」です。これは、羊毛などを圧縮し「化学的に加工」した断熱層で、「螺旋構造」になった糸の中が「空洞」になっており、確実に「冷気を閉じこめる」ことに成功したのです。さらに、この断熱層は、「白色《ホワイト》」をした「陶材《ポルセラン》」で「三重に被覆」されており、絶対に冷気を逃しません。このように詳細に述べてゆくのだ。

【図40】白色の陶材で三重に被覆された冷蔵庫。外装も内装もまっ白な仕上がり。その滑らかな表面を「感じてください」。表層の質感に焦点があてられる。

ここまでであれば、これまでにも数多くあった、新機軸の技術的アピールと基本的には変わらない。問題はここからである。広告はなおも人気機種の特徴を語ってゆくのだが、その「語り口」がこれまでにない、まったく新しい次元を切りひらいていっているのだ。それは次のような語り口である。すなわち、そのうえ、内装ばかりではありません、外装もふくめて「開閉扉全体」に、白い「陶材」を「拡張」被覆してあるのです。その結果、冷蔵庫全体が「あざやか《クリアー》」な仕上がりになっているのです。さらに、いたるところに「丸みを帯びた縁《ラウンド・コーナーズ》」をほどこしてあります。その縁に添って、指でなぞって、「陶材」仕上げの「滑らかさ」を指先で「感じて《フィール》」ください。このように詳述するのだ。こうしてこまかい説明を終えたあと、最後にひとことつけ加えるのである。曰く、

　それは、まるで鮮やかな陶器皿のようです［傍点筆者］。

多言は要しまい。ここには、後年いわゆる白物家電の特徴とされたもののあらかたが、初源的なかたちで、登場してきている。まずは、なにはさておき「白色」であること。白色が内装ばかりでなく、外装もふくめて「全体」にゆきわたっていること。仕上がりが「クリアー」で清潔感にあふれていること。直線的で鋭利な角度に「丸みを帯び」させ、人間工学的に「やさしく」造形されていること。触れたとき「滑らか」で、触覚を通しても、違和感や凹凸感のない平明さを実感できること。つまりは、重厚感や威圧感をかもしだすというよりも、むしろ、すっきりとして、清潔で、親しみやすく、平和的であることを直観させられること。まずは、おおむねこのような特徴だ。そして、なにより、そうした特徴がはっきり自己認識され、明確にアピールすべき点として前面に押しだされているのである。

　このテキストにおいて、表象文化論的にもっとも見逃せない点は、いうまでもなく最後の比喩表現だ。「まるで陶器皿のように」。この語り口である。ささいで、凡庸ですらある言葉づかいだが、これをなりたたせている表象の枠組みは、きわめて重要な事態を示唆している。すなわち、この比喩表現が成立す

るという事実が示しているのは、冷蔵函の存在論が決定的に転換してしまったというできごとに他ならない。それは、いったいどういう事態なのか。

それを知るには、先に見たあの比喩表現と比べてみるだけでよい。「まるでピアノのように」。これである。オーク材を使って重厚感あふれる冷蔵函を、あたかも「家具」のように表象してみせた表現だ。そこで引きあいにだされていたのは「ピアノ」だった。無論、貴重な家具調度の表徴として援用されていたわけだった。それに対して、バレンタインデーの贈り物の姉妹機種は、同じ冷蔵函であるにもかかわらず、引きあいにだされるのが、もはやピアノではなく「陶器皿」なわけである。比喩の対象として持ちだされている「ピアノ」と「陶器皿」。いうまでもなく、比喩を冠される冷蔵函の存在論は、比喩の対象であるものの存在論に対応している。だからこそ、家具調度としてのピアノに比せられれば、冷蔵函は家具と等価なものたりうるわけである。そうだとすると、この広告において、陶器皿に比せられた冷蔵函とは、ピアノではなく陶器皿の存在論に対応していることになる。では、いったいピアノと陶器皿の存在論の違いとは、なにであるのか。

ここにある表象世界をより正確に特徴づければ、比喩表現として「ピアノ」を援用する場合、ピアノがもつ数ある特性のうち、とりわけその重厚感、貴重さ、高級感がめざされているのは明らかだ。それに対して、「陶器皿」が援用される場合には、陶器皿がもつ数ある特性のうち、とりわけなにがめざされているのだろうか。よもや、割れやすさだとか、脆《もろ》さであるとか、扱いに慎重を要するといったことではありえない。いうまでもなくそれは、白さであり、透明感あふれる質感であり、触感であり、継ぎ目のない滑らかさである。

陶器皿を援用することによって発信されようとしていた、冷蔵函の新しい存在論というのは、もはや家具としてのそれではない。そうではなくて、白さという特徴を介してイメージされ、滑らかさという性質を介して発信されようとしていたのは、陶器皿のように美しく、華奢で、清潔であって、決して威圧的ではなく、どこまでも親しみやすい「なにものか」という存在論なのである。それは、伝統的な家具が背負いこんでいたあらゆる文化資本から身をふりほどき、なにかそれまでにない、まったく「新しいもの」の存在論である。同じ家庭内にありながらも、重厚な家具が体現していたさまざまな価値——たとえば父権的な威厳であるとか、威風堂々とした重厚感であるとか、堅牢さからくる持久性とか——近世以来、いわゆる欧州家具がみずからをめぐって生みだし、堆積してきた文化的かつ社会的価値の表象世界。そうしたことどもとは、いっさい無縁な、なにかまったく「新しいもの」の世界。これが、白さに身をつつんだ冷蔵函の存在論である。もちろん、黎明期のこととて、ここでは、その新しさの総体がそれとして名指されてはいない。この新しさがはっきりと名指されるようになるのは、二〇世紀も進んでのことである。後年、この新しさの総体に命名されることになった名称こそ、他ならぬ、親愛なるささやかさを体現するものとしての「白物家電」という名であった。

なるほど、「真夜中の軽食」の白色琺瑯冷蔵庫社製「ボーン・サイフォン冷蔵庫」も、ボーン社と改名したのちの後継機種「サイフォン冷蔵庫」も、まっ白な外装をした冷蔵函だった。その点では、「バレンタインデー」の姉妹機種グランド・ラピッド社製「レオナルド冷蔵庫」となんら変わらない。しかし、真夜中の軽食の冷蔵函と、バレンタインデーの姉妹機種のそれとは、同じくまっ白な冷蔵函であるにもかかわらず、その自己理解において、両者は決定的に違っている。一方で、サイフォン系の自己理解は、そもそもピアノのような「家具」であると自己を規定してみせて以来、なにも変わっていない。外装が木目調のものばかりではなく、白色琺瑯製に変わっても、家具の存在論からみずから逸脱した存在とは理解していない。ところが他方、バレンタインデーの姉妹機種の方は事態がまったく違っている。こちらは、木目調の外装とは違い、白色琺瑯引きを採用した新型機種を称して「陶器皿」と呼び、およそ家具調度の重厚感からの逸脱をしっかりと表明しているのである。同じまっ白な外装をもちながらも、かたや、あいかわらず伝統的な存在論からの乖離を表明しない「真夜中の軽食」系と、かたや、比喩表現とはいえ陶器皿と自称して、これまでにない存在論を示唆しはじめた「バレンタインデー」の姉妹機種。それぞれの自己理解をなりたたせている、表象の枠組みは決定的に違っているのである。

以上をまとめるとこうなる。すなわち、まっ白い冷蔵函をめぐる表象の系譜のなかで、イメージの大転換が起こった。一部におけるできごととはいえ、もはやピアノではなく、陶器皿という表現が選びとられた。このとき、家事道具としての冷蔵函をめぐるイメージが、一大転換期をむかえたのである。ピアノから陶器皿へと比喩が移行した。じつは、そのときにこそ、この比喩の移行というできごとの基部において、表象文化論的には、一九世紀の文脈を脱して、二〇世紀の家電品がそれとして誕生しつつあったのだ。陶器皿と呼ばれた瞬間、それは、モダンな家電品である白物家電が生まれた瞬間なのである。

愛の覗き窓

一九二〇年代、白い家電品イメージが産声《うぶごえ》をあげた。

たしかに、白物家電というように、明確な自己定義として生まれたわけではない。決然として、おのれ自身を「白い家電品」として自己認識したわけでもない。むしろ、それは、あくまでも台所の冷気をめぐる覇権争いのなかにおいて、断片的表象として誕生し、細部にこだわる微視的イメージであるにとどまりつづけた。見方によっては、ささいなできごとともいえる。よしんば広告がいうとおり、新機軸であったとしても、それはひとつの完成品として登場したわけではなく、ゼロから生じたわけでもない。そうではなくて、木目調の家具イメージがもつ伝統的な表象世界との相克のまっただ中において、古い技術的細部との差異化を図ろうとするところから起動してきた、あくまでも部分的かつ相関的な表象にすぎなかった。簡単にいえば、木目調家具という古いものに対抗するかたちでしか、白さというものは、みずからを定立しえなかった。新しさが新しさとして突如あらわれたのではない。後年白物家電と呼ばれるようになる、なにか新しいイメージ世界が生まれるには、部分改変として登場せざるをえず、対抗概念としての「古いもの」を必要とせざるをえなかったということである。

しかし、たとえ相関的なものであったにせよ、もはや、白い家電品イメージの系譜は押しとどめようがなかった。これ以降、二〇世紀後半にいたるまで、白さの神話は怒濤のごとく押しよせ、たちどころにモダンライフの表徴と化してゆくのだった。

なにもバレンタインデーの姉妹機種ばかりではない。同じく『上手な家事』一九二五年二月号には、他にも、白物である利得を饒舌に語るテキストが掲載されている。アラスカ社製冷蔵函「コルク断熱式冷蔵庫アラスカ」の広告である【図41】。

もちろん、全身を白色で包んだ冷蔵函である。まずは、技術的新機軸が強調される。「コルク覗き窓」だ。この機種が誇る断熱層は「石目をつけたコルク層」だ。石目をつけるとは、表面をザラザラに加工することである。表面に細かい凹凸をつけることによって、コルク材の保冷機能を高め、これでもって保冷庫をすっぽりと覆っているのである。そこで、このコルク層がちゃんと防水機能・断熱機能をはたしているかどうか観察できるように、冷蔵函の前面に小さな覗き窓をもうけたというわけだ。無償の愛で家族のために調理する。そんなモダンな主婦に、断熱層がしっかり機能しているのをチェックしてもらおうという意匠だ。万一、断熱層が機能不全に陥ってしまったら、せっかくの無償の愛も台無しになる。収納した食材が、傷んでしまうかもしれないからだ。だから、断熱層にはちゃんと働いてもらわなくてはならない。そこで、覗き窓から監視しようというわけである。その意味で、覗き窓は、断熱層の働きをチェックするという、機能主義的役割をもつものである。テキストはこのように喧伝するのだ。

【図41】全身に白色をまとった最新式冷蔵庫アラスカの登場。石目をつけたコルク層が断熱機能を高める。モダンな主婦も羨望のまなざしでながめる。

しかし、この「覗き窓」【図42】というのはトリックである。誤解しないでいただきたい。機能的にイカサマだというのではない。機能的役割としては、広告のいうとおりだろう。コルク層はきっと見えるに違いない。トリックというのは、覗き窓というものをなりたたせている表象構造が、純粋に機能主義的な要請からくるものではないということだ。それはどういうことなのか。

ひとことでいえばこうだ。この覗き穴が新機軸として登場したのは一九二五年のこと。すなわち、家政婦が払底して、なんでもひとりでやる家政婦妻が主婦の原像になってきた時代。モダンな主婦の時代である。つまり、この冷蔵函はモダンな主婦によって使われるという文脈で、基本的には作られているわけである。そして、モダンな主婦の欲望でもあり責務でもあるとされたものは、家族への無償の愛だ。そのためには、適切に食材を保存しなくてはならない。そのためには、断熱層にしっかり働いてもらわなくてはならない。そのためには、覗き窓から監視しなくてはならない。ここに想念されているのは、こうした一連の物語である。つまり、モダンな主婦が覗き窓から見ているのは、断熱層の機能ではなく、みずからの家族への無償の愛のゆくえなのだ。すなわち、モダンな主婦は覗き窓から、断熱層ではなく、自分の愛情を覗いているわけである。

より正確にいえば、この覗き窓は、主婦たちに、みずからの無償の愛を確認してもらうための「安心の小道具」なのである。なにせモダンな主婦というのは素人ユーザーである。専門家ではない身としては、仮に小窓からコルク組織体を目視したところで、そこでいったいなにが起こっているのか、本当のところは分からない。無論、取扱い説明書なり、セールスマンの説明などにより、一応のところは教え

【図42】コルク層の状態を確かめるための覗き穴「コルク・ウォール」。機械的機能の先にあるモダンな主婦の愛情を確認する表象装置だ。

られる。結果、それなりに日常的な使い方は了解するだろう。納得した気分にはなる。しかし、ことは機械仕掛けである、まがりなりにも「最先端」とメーカーが豪語する科学技術である。じつのところ、冷蔵函内部のメカニズム総体との関連で、純正な技術的ないし機能的できごととして、コルク断熱層における目の前のできごとがなにを意味するのか、真に理解するのは困難だ。要するに、冷蔵函というのはブラックボックスなのである。外にあらわれるできごととしての高性能ぶりは見れば分かる。しかしながら、こと内部のメカニズムについては分かったようでいて、じつは分からない。

この覗き窓の表象戦略は二重構造になっている。ひとつは、機能的役割としてのそれ。もうひとつは、社会心理的なそれ、つまり安心の小道具としてのそれである。メーカー側の意図は判然としない。もっぱら機能的役割だけをそこに仮託していたのかもしれない。そうではなくて、両者ともに織りこみずみだったのかもしれない。それはどちらでも構わない。少なくとも、素人ユーザーであるモダンな主婦の想念のなかでは、両者ともに起動してきたことは想像に難くない。それは、こんな具合に起こりえただろうからだ。

小窓を覗きこみ、内部の機能を確認する。そうした行為は、彼女たちの想念の中では、決して次のようなものではなかったはずだ。「これはあくまでも機能的できごとであって、それ以上でもそれ以下でもない。わたしは純粋に技術的興味から覗くのであって、家族のことなどとりあえず関係ない」。こうした思いではなかったろうからだ。つまり、すべては家族への無償の愛という神話のなかに、有意味的に回収されてゆくのだ。よしんば、機能主義的に必要な手立てといわれるものであっても、それは機能主義だけの話では終わらない。機能的に必要な行為は機能的に必要な行為として重要であっても、ある時点で、そうであることをいったん中断して、それ以上のなにものかになってしまうのだ。それ以上のなにものかとはなにであるのか。それは、家族への無償の愛を証しする行為。これである。とどのつまり、この小窓の表象論的根幹は次のようなものだ。すなわち、この小窓は、コルク断熱層の覗き窓ではなく、愛の覗き窓である。

ユーザー人間論

覗き窓から愛を遠望する。これは病理である。

なぜなら、小窓から見えるできごとそれ自体の向こうに、そのできごとは本来関係のない別のものを想念しているからだ。しかも、機械の向こう側に遠望するその当のものというのは、モダンな主婦に仕掛けられた神話、捏造された表象体系にすぎないからだ。モダンな主婦神話によって、彼女たちは、台所技術者たれと要請された。そんな彼女たちにしてみれば、よしんば家族への無償の愛というものを体現しようとしても、もはや、目の前にあらわれたモダンな道具たちを使わずに、それを実現することはほぼ不可能になってしまった。なにせ、古い道具は時代遅れとされ、祖母や母たちの智恵は通用しなくなってしまった。つまり、愛情への道が、機械を使うというルートしかとれなくなってしまっているからである。

今日でもそうだ。事態はなにも変わっていない。食料を保存しようとしても、もはや電気冷蔵庫を使うしかない。もちろん、氷蔵や穴蔵でもあれば別だが、都会の狭いアパート暮らしでは、そんなものは夢のまた夢だ。あるいはまた。ふと見まわせば、もちろん便利だから買ってはいるのだが、スーパーで売っているのは冷凍食品だ。さらに、普通の食材でも大抵は賞味期限が書いてある。なんでもかんでも、冷蔵庫があることを前提にした世の中だ。いっそ田舎に移り住み、てづから畑でも耕して晴耕雨読。有機農法を頼みとして暮らそうと思うこともある。しかし、家族もいれば仕事もある。「まあ現実的ではないよね」。そんな思いをいだきつつ、夢は夢として心にしまっておく。意気地がないといえば、意気地がない。生ぬるいといえば、確かに生ぬるい。しかし、二〇世紀大衆の時代、羊たちの食卓というのは微温的なものである。それが社会の中心原理だ。誰もがみな、ソローやヒッピーになれるわけでもないのだ。

とどのつまりは、自分への愛情も、家族への愛情も、目の前にある機械仕掛けを使う以外、その道筋は、もはや見つけられなくなってしまった。愛情は機械を通してしか獲得しにくくなったのである。機械の中にしか愛を求められない。しかも、機械の作法にしたがってしか、それは達成されない。そのうえ、その愛情とは、因習的な男性原理によって、都合よくひねりだされたものでしかない。それら一切合切をひっくるめて、これは病理である。

これはなにも、一九二〇年代モダンな主婦だけに固有な病理ではない。それは、二〇世紀大衆すべてのできごと、つまりは、わたしたち自身のできごとである。なぜなら、科学の時代、そして科学技術で生産された大量の製品を消費してきた時代、もはや、ひとびとは「便利な製品」をいっさい使わない生活をおくることが困難になったからである。そして、それを使うなら使うで、きちんと機械の作法に従って使うしかない。機械の作法とは、取扱い説明書やマニュアルが指示する使い方のことだ。マニュアル通りにやらずに勝手に使いまわせば、機能不全に陥るし、ヘタをすれば壊れてしまう。つまりは、機械の作法に従うしかない。さらに、そうしたライフスタイルでもって、手に入れられるし、手に入れなくてはならないとされる暮らしとは、「効率的」で、「合理的」で、「快適」で、「便利な暮らし」と相場が決まっている。その暮らしとは、とどのつまり、モダンさと新しさを称揚する近代によって、都合よくひねりだされたものでしかないからである。それら一切合切をひっくるめて、やはりこれは病理である。

便利な製品にかこまれて暮らすとき――より正確にいえば――便利な製品にかこまれて暮らすより他なくなったとき、人間は、これまで哲学が考えてきたような近代的自我であることをやめた。人間はユーザーになったのである。「我思う、故に我あり」。これが、人間が人間たるゆえんであるとデカルトは言った。仮にその通りだとすると、二〇世紀、「我」は「ある」ことをやめた。なぜなら、「我」は「思」わなくなったからである。なにについて思わなくなったのか。それは、目の前にあり、もはや必要不可欠とされている便利な製品を手にして、その内部にある真のメカニズムについて思わなくなったのである。いや、思おうとしても、思えないのである。なぜなら、内部はとどのつまりブラックボックスだからだ。素人ユーザーには分からないからだ。

もちろん、便利な世の中である。そうした素人にも使えるようにと、さまざまな手立ては講じられている。製品を買えばかならず付いてくる取扱い説明書がそれであり、販売員の懇切丁寧な説明がそれであり、ネット上のQ&Aサイトがそれである【図43】。手立てはいくらでもある。しかし、それらはいずれも、製品のブラックボックス性を根本的に解決してくれるものではない。あくまでも、使うにあたっての指示や、解説の域を越えるものではない。それらはいずれも、ことの次第に詳しい「他者」の言説である。そして、わたしは素人である。だから、どんなに批判的理性で判断しようとしても、最後のところは判断できないし、よくは分からない。結局は、敬意を払いつつ、説明書にある他者の言説に従わざるをえない。販売員という他者の言うことを信じるしかない。ネット上にある他者の意見に信を置くしかない。つまりは、ことこれにかんしては、判断停止をするしかない。すなわち、「思う」ことを停止せざるをえない。だから、デカルトの言うとおりであるとするならば、「ある」ことを停止せざるをえない。人間であることを停止せざるをえないのである。なぜなら、「思う」ことこそ「ある」ことの根拠だからだ。

無論、生活実践としてみればそれで十分だ。暮らしてゆく分には、なにも問題はない。誰もが哲学者として暮らしてゆかねばならぬというものでもない。しかし、暮らしの実践とは別の次元で、大袈裟に聞こえるかもしれないが、人間の存在のありようとして考えると、これは深刻なできごとといわざるをえない。

それは、まるで中世のひとびとが、「神」については信を置くしかなかったのに似ている。そのとき、確かに、ひとびとは生物学的には人間だったが、しかし、少なくとも哲学的意味における近代的自我ではなかった。なぜなら、そのときひとびとは神を「信じた」のであって、「思った」からではないからだ。批判的理性でもって、神を疑いの目で思考したわけではないか

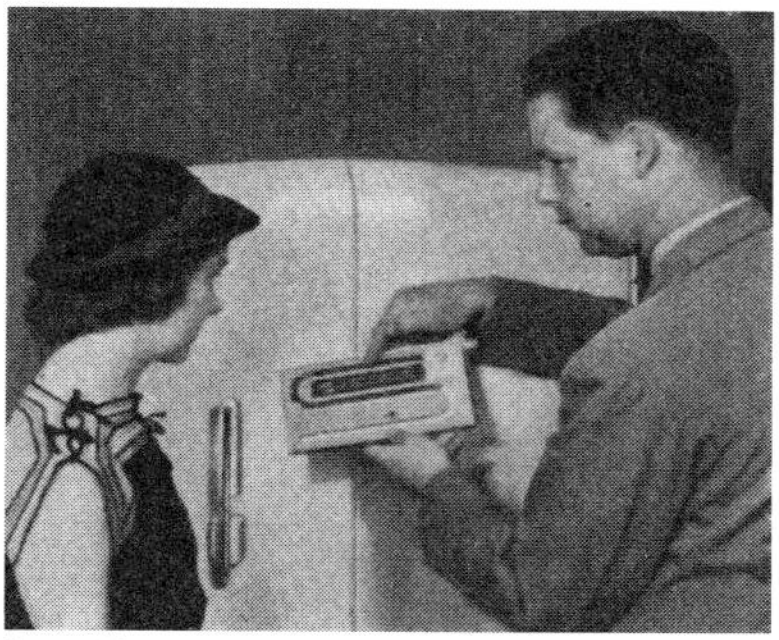

【図43】セールスマンが主婦の疑問にていねいに答える。消費電力早わかり表で冷蔵庫の経済的な使い方を教示しているところ。

らだ。そもそも、信じるというのは、批判的理性でもって判断することを途中で停止することだ。つまり信仰は判断停止なのである。というのも、神は不可知であって、じつのところ、誰にもその真のメカニズムは分からない。つまり、神はブラックボックスだったからである。

誤解を恐れずにいえば、二〇世紀科学の時代、科学技術で作られた製品が氾濫する時代、マニュアル通りに操作するよう要請される時代、ユーザーになるしかなくなった人間は、人間をやめたのである。近代的自我であることを停止したのである。そのとき、機械製品のブラックボックスが、ひとびとの神になったのである。なぜなら、ブラックボックスは、素人たるユーザーにとって不可知論のできごとだからだ。モダンな科学神話あるいは科学信仰というものは、とどのつまり、不可知論を基盤にした表象体系に他ならないのである。こうしたことの次第を、総体としてあぶりだすには、アクチュアルな人間論を探らなければならない。しかし二〇世紀以降、もはや、これまでのような思念的スタイルでは人間論を書くことができなくなった。今日書かれるべき新しい人間論、それはユーザー人間論である。これについては、いずれ機会をあらためて書くことにしよう。それはさておき。

一九二〇年代、冷蔵函の「覗き窓」は、そんなブラックボックスを覗きこむ小窓だったのだ。そこを覗きこむとき、黎明期、モダンな主婦たちは、自分の愛のゆくえを追うと同時に、判断停止を余儀なくされた果てに、二〇世紀の神を覗きこんでいたのである。その意味でも、彼女たちは今日のわたしたちの原像である。

コルク断熱層の覗き窓、それは、よしんば愛の覗き窓であったにしても、なるほどアラスカ社の新機軸であった。しかし、これだけではない。さらなる新機軸が盛りこまれているのだ。言うまでもなく「白さ」である。しかも、清潔さの表徴ではありながら、いまだモダンな記号としてみずからを自己規定していない白色琺瑯冷蔵庫の白さではなく、みずからの新しさをそれとして自覚した「白さ」である。宣伝文はもちろん、これも饒舌に語っている。曰く、「石目コルク断熱層とコルク覗き窓を装着したアラスカ冷蔵庫」の「美しい《ビューティフル》」容姿を、実際に御覧になってください。その「繊細《ファイン》な職人技」、その「端正《ハンサム》な仕上がり」。すべて、「継ぎ目のない《シームレス》陶材と白色エナメル」でできているのです。このように語るのである。他でもない。ここで重要なのは、みずからの白さについて、意識的に語ってみせるその「語り口」である。

美しい姿、繊細な技、端正な仕上がり、滑らかで継ぎ目のない陶材、まっ白なエナメル素材。すべて揃っている。足りないものとてないかのようだ。無論、操作性はきわめて簡単だ。これまでの冷蔵函や、外付け式製氷装置とは違って、潤滑油の注入や、氷が溶けた水用の排水パイプへのこまめなチェックも必要ない。なにせ、簡単な操作で動かすことができなければ家電品とはいえない。その意味でも、アラスカ冷蔵庫は立派な家電品となりえている。

二〇世紀初頭、台所の冷気戦争において、このように冷却装置外付け式冷蔵函が「白い家電品」として名乗りをあげてきた。これでは、ライバルたる電気冷蔵庫も黙っているわけにはゆかない。新機軸で臨むのである。

そして、とうとう米国家電メーカーの最大手ゼネラル・エレクトリック社が、電気冷蔵庫の決定版を発表することとなる。二〇世紀初頭を代表する電気冷蔵庫の定番、一九二七年型「ＧＥモニター・トップ」が市場に登場したのだ。早速、家庭雑誌『コンパニオン』一九二七年八月号が、これを言祝いでいる。「貴女のマイホームに、これまでとは比べものにならないほど簡単な電気冷蔵庫を」と銘打たれた広告である【図44】。

キャッチフレーズも堂々としている。曰く、「ゼネラル・エレクトリック研究所の純正品《クリエーション》です」。「一五年間」にもおよぶ「研究」を重ねてきました。とにかく「操作の簡単な電気冷蔵庫」を作るためです。「電気扇風機のように操作が簡単」で、「電球のように清潔で信頼でき」、「ほとんど持ち運びができるくらい簡素化」された冷蔵庫をめざしました。その結果誕生したのが、いわゆる「モニター・トップ型冷蔵庫」なのです。このように言うのである。モニター・トップというのは、冷蔵庫上部に突起している装置のことである。「すべて必要な機構を収納した耐久性抜群の鋼鉄製容器」で、「潤滑油の循環は全自動」なので、「注油などする必要はいっさいありません」。「マツダ電球のように密閉されており、空気中の塵も湿気も、錆だって寄せつけません」。「小型電動モーターはじつに静かで、いっさい騒音はたてません」。これがテキストの概容である。

実際、一九二七年型「ＧＥモニター・トップ」は大ヒットした。販売価格一〇〇ドルと高価だったが、地方公共事業とタイアップしたり、月額電気料金として一〇ドル負担したり、さまざまなキャンペーンを講じたことも後押しをした。しかし、なんといっても、製氷装置一体型のコンパクトさ、潤滑油注入などの煩わしい手間がかからないこと、庫内容量を大幅に増大させたデザイン、そしてなにより、まっ白で清楚なたたずまい。そうした、機能的特徴も審美的特性もあいまって、爆発的な売れゆきを示したのだった。資料によれば、発売後たった二年間で、売上台数は四五万台に達し、最終的には総計一〇〇万台にまでのびたという。初号機デザインの完成度が高かったため、シルエットは一九三六年まで変わることがなかった。同研究所がその技術の粋を結集して作った自負からか、耐用年数は公称「二五年」とされたが、ちなみに、発売から八〇年以上経った今でも、稼動するものがあるという。

GEモニター・トップを皮切りに、白い電気冷蔵庫は、怒濤の如く米国の市場にあらわれていった。しかも、みずからの白さをハッキリと自己認識して、台所に入城していったのである。

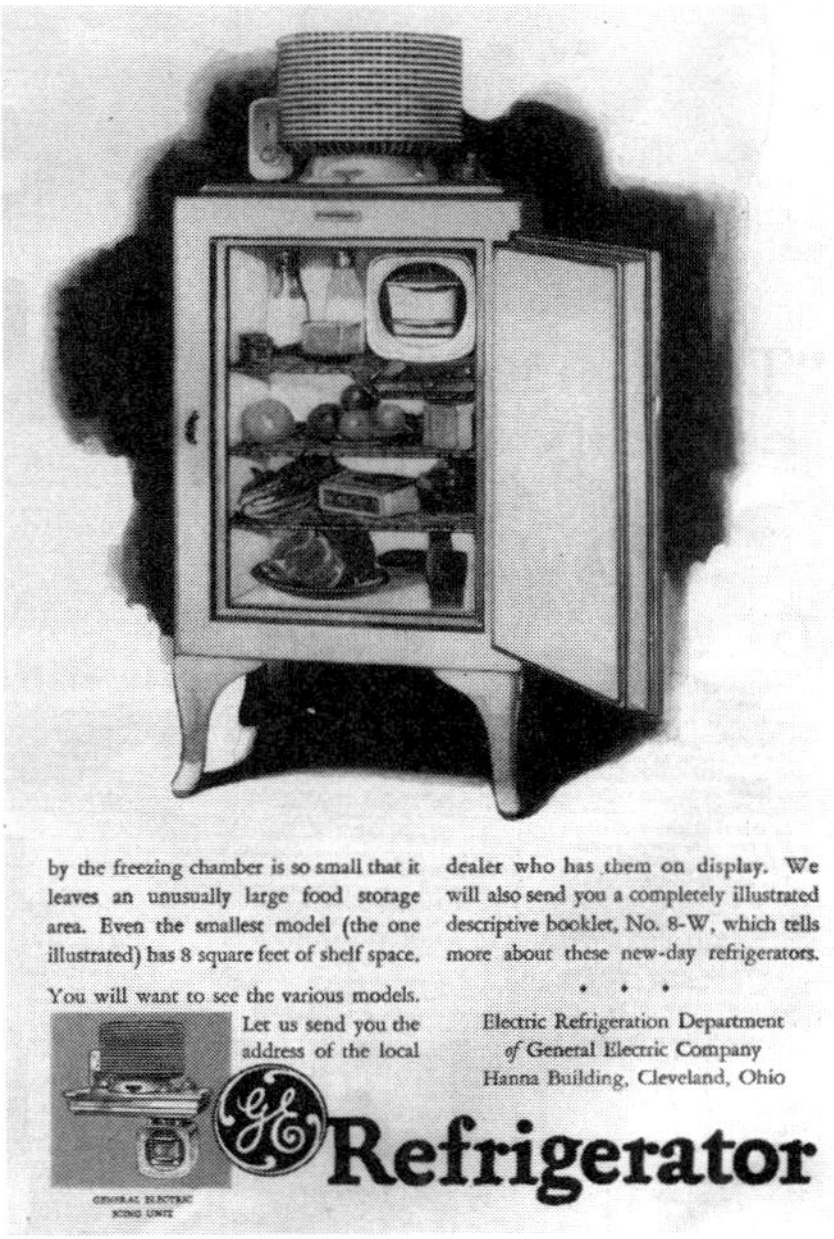

【図44】20世紀前半における電気冷蔵庫の決定版「GEモニター・トップ」登場。簡単な操作性・完璧な衛生性・ながもちする耐久性。白物家電の傑作だ。

家庭雑誌の権威『上手な家事』も、早速これを報じている。同研究所における性能実験をおこなった後、誌上に広告の掲載を許可したのだ。モニター・トップ発売のおよそ半年後、同誌一九二八年一月号がこれを掲載している。「ほんとうに驚くほど簡単なの！」と銘打たれた広告である。テキストはもっぱら、これまでの先行機種と比べると、およそ比較にならないくらい操作性が簡単であることを伝えている。排水への気遣いも、給油の手間も、排水パイプの修理も、なにも必要でない。ただ必要なのは、「コンセントにプラグを差しこむだけです」。すぐに「スタートするのです」。このように謳いあげるのである。

家電品が普及するとき、信頼できる高い技術性が欠かせないのは言うまでもない。しかし、操作がややこしくてはなんにもならない。ユーザーは素人だ。できるだけ操作の手数を減らさなくてはならない。二〇世紀家電品の鉄則である。だからこそ、満を持して市場に送りだしたモニター・トップも、操作の簡単さを強調して語られるわけだ。

しかし、モニター・トップが鏑矢となり、本格的に白い家電品が市場を席巻してゆくことができたのは、こうした技術的要素ばかりではない。そんなものは、暮らしに寄りそう家電品の必要条件であるだけで、決して十分条件などではない。技術的完成度の他に、さらにもうひとつ別の要素が連動して後を押したのである。それはなにだったのか。少しく結論を先取りすれば、それは、モダンさの係数としての「白さ」に他ならなかった。「白さ」がひとつの社会的記号となって発信する、「モダン」であるというメッセージである。つまりは、白さとはモダンである。こうした定式が、ひとびとをして奔走させたのだ。それは、白さの神話圏というべきものだった。

では、白さの神話圏とは、いったいどのような構造でできているのであろうか。それを知るために、まずはその語り口に耳を傾けてみなくてはならない。

「まるで陶器皿のように」と自己規定してからおよそ一〇年後、ヒット商品GEモニター・トップが発売されてから四年後、『コンパニオン』一九三一年八月号がこれを伝えている。同号に掲載された

「フリジデア電気冷蔵庫」の広告である【図45】。当時、普通「電気冷蔵庫」と言いたいとき、俗語表現では「フリジデア」と言われていたほどの売れ筋商品であると先に紹介した機種である。その書きだしが印象的だ。次のように語りはじめるのである。曰く、

> 今をさかのぼること数百年前——世界最高の陶芸職人である人種たる——中国人は、陶材に釉薬《ゆうやく》をかけ高熱で焼くことで、驚くほどすばらしい、白く半透明な陶磁器を生みだしました。それは、まさに中世が生んだ奇跡に他なりません。お金では買えないこの至宝は、時の挑戦をもののみごとにはねのけました。そして、その輝くばかりの美しさは、現在でもなお、いささかも衰えることはないのです［傍点筆者］。

【図45】20世紀前半米国で冷蔵庫を意味する一般名詞として使われた「フリジデア」。その呼称からも同機種がいかに普及していたかが分かる。

一目瞭然だ。バレンタインデーの姉妹機種が、みずからを「陶器皿」に喩えてみせた表象の系譜をひきつぐ、直系のイメージ世界である。無論、キーワードは「陶磁器《ポルセラン》」だ。そこから称揚される特性も明確に述べられている。驚くほどすばらしく、白く半透明で、輝くばかりに美しいその質感。それは至宝であり、奇跡である。確かに、世界の工芸史上、

燦然と輝く中国の陶磁器。それは、近世、欧米に紹介されて以降、ときに王侯貴族に珍重され、ときにマイセンなど欧州独自の派生を生んだ東洋の奇跡である。欧州においても、陶磁器をめぐり、さまざまな思念や文化が花ひらき文化資本として堆積していた。そうした陶磁器にまつわる文化的記憶が、このテキストにおいてまずは呼びさまされる。さらに、そうした記憶を、とりわけその質感に凝集させてゆく。これが書きだしの表象戦略である。

そして、やおらみずからを語りはじめるのである。曰く、フリジデアの「改良型冷蔵庫」は、「琺瑯鋼板《ポルセラン・スチール》による耐久性抜群の仕上げ工法」を採用しています。「だから、はじけるようにまっ白《スパークリング・ホワイト》で、硬質ガラスのように丈夫で、どこまでも美しいのです」。「その仕上げひとつ見ただけでも、すべての機構のすみずみにまで、標準をはるかに越えた品質の冷蔵庫だということが分かるのです――その優美で上品な脚《グレースフル》から、滑らかで《スムーズ》、凸凹のない《フラット》トップに至るまで」。もちろん、温度調節機能や霜取り装置など、最新の技術改良がもりこまれています。しかし、「こうした重要な機構だけではありません」。それにも増して、申し述べたいことがあるのです。「内装は継ぎ目がなく《シームレス》、酸性に強い磁器《ポルセラン》でできているのです」。このように、やつぎばやに語るのである。そして、最後にひとこと強調して、みずからを定義してみせるのだ。曰く、フリジデアは、

どこからどこまでもまっ白《オール・ホワイト》な琺瑯鋼板製の冷蔵庫なのです。

じつに明解な定義である。見誤りようがない。中国の陶磁器を援用しつつ、語られてくる技術的要点

というのは、他ならぬ「珐瑯鋼板」である。もちろん、その機能主義的利点も語られる。曰く、耐久性に優れている、酸性に強い素材である云々。しかし、それだけではないのだ。この広告の表象世界が重要なのは、そうした機能をめぐる実利的評価を喧伝することだけで終わっていないという点である。珐瑯鋼板がもつ実用価値をそれとして紹介しつつも、さらに、珐瑯鋼板をもうひとつ別の評価基準で語りつくそうとしている。すなわち、実用価値ではなく、「白さ」という審美的価値で語りつくそうとしている。この点が重要なのである。しかも、明解な自己意識をもってして。

はじけるようにまっ白で、輝くようにどこまでも美しく、滑らかで、凸凹のない質感。こうした特性が前面に押しだされてくる。まるで、この冷蔵庫の真髄が、こうした質感の中にこそあるとでも言わんばかりだ。そして、それら一切合切を総まとめにして、ひとこと言い切ってみせるのである。曰く、この冷蔵庫は「優美で上品」なのです。

かつて、冷気戦争の時代、他との差異化を図る戦略のなかから、陶器皿という比喩表現がひねりだされてきた。それは重要なできごとであった。しかし、ことはさらに昂進した。ことここに至って、陶磁器が発信する表象世界がふたたび援用されることになった。しかし、ここでの陶磁器イメージ、とりわけ白い陶磁器イメージは、もはや、単なる余剰的な審美的できごととして、偶発的に選びとられているわけではない。冷蔵庫というものを構成すべき本質的特性として、はっきりと捉えられているのである。陶磁器という言葉、そして白さという言葉は、もはや修辞学であることをやめて、冷蔵庫の存在論になったのである。

白さは、修辞学であることをやめて存在論になった。

フリジデアはその三年後も語っている。『上手な家事』一九三四年九月号に掲載された広告がそれだ。最新式三四年型電気冷蔵庫「スタンダード四三四モデル」が登場したことを告げるテキストである【図46】。

おそらく友人であろう。一見してそれと分かるモダンな主婦がふたり、会話している。ひとりの主婦が、訪ねてきた友人に、買ったばかりの冷蔵庫を自慢げにみせているという趣向であろうか。友人が驚きながらも尋ねる。「雪のようにまっ白《スノー・ホワイト》ね！　でも、いつまでもこのままかしら？」。すかさず主婦が答える。「もちろんよ！　琺瑯引きですもの、寿命は一生ものなの……内側も、外側もね……」。こんなふたりの会話を引きうけて、テキストは決定的な文言を記している。曰く、

手をあててごらんなさい。滑らかで、継ぎ目がなくて、雪のようにまっ白な表面でしょう。ひろい内側も、美しい外側も……輝くようではありませんか。鋼鉄に琺瑯を表面被覆してあるので、一生なが《ライフタイム》もちするのです［傍点筆者］。

このように語ってみせるのである。これまた一目瞭然である。すべてが揃っている。技術的要点はもちろん「琺瑯引き」だ。それは逃さず指摘する。しかし、ここでも琺瑯鋼板は、その実用価値だけで語りつくされているわけではない。審美的価値という附加価値が、実用価値にも増して強調されているの

である。耐久性に優れているであるとか、酸性に強い耐性をもつであるとか、そうしたことを指摘するのは言うまでもない。しかし、この広告でもっとも強調されているのは、他ならぬ「白い美しさ」である。もはや、白い美しさこそが、この冷蔵庫の生命線でもあるかのようだ。性能ばかりよくても、白く美しくなければ価値がない。まるで、そんなことまでも暗に言いたいかのようですらある。

しかも、その美しさというのは、ふたつの知覚様式で語られている。ひとつは視覚であり、もうひとつは触覚だ。まずは、目に訴える「雪のような白さ」という視覚情報。そして、指先に訴える「滑らか」な手触りという触覚情報。このふたつである。どちらが欠けてもいけない。そして、そのことをこの広告は深く自覚している。それは、次のことからも分かる。

【図46】まっ白な琺瑯引きの表面を指先でなぞってごらんなさい。表層の質感が冷蔵庫をめぐる審美的価値判断の中心原理になってゆく。

ここまで多くの冷蔵庫や冷蔵函を見てきた。しかし、この広告は、そのいずれにも属さない、きわめて特異で新しい表象世界が到来したことを告げている。それはなにであるのか。

これまでも幾多の主婦たちが、冷蔵庫の前に立ってきた。いずれの広告や記事においても、ほぼ例外なく、主婦たちが冷蔵庫の前に立って、冷蔵庫を眺めやっていた。ときにバレンタインデーの贈り物を前にして、糟糠の妻は、嬉しげに冷蔵函に手をさしのべていた。ときに愛の覗き窓を見やって、ふたりのモダンな主婦は、その新規性にため息をついていた。ときに新型の外付け製氷装置を前にして、科学雑誌のモデル嬢は、製氷皿に手をさしのべていた。つまり、あるときは愛でるようなまなざしで、あるときは高性能ぶりを称揚する手つきで、またあるときは、ことの次第を判定するような立ち居ふるまいで、主婦たちは、くりかえし冷蔵庫の前に立ちつくしてきた。その身ぶりはさまざまだった。しかし、かくも数多くの主婦たちが冷蔵庫の前に立ち、思い思いの意匠で、その身体的身ぶりをとってきたにもかかわらず、そこには、ひとつの身体的身ぶりが欠けていた。それは、冷蔵庫の表面を指先でなぞるという行為である。

表面を指先でなぞる。つまりは、表面の質感を確かめる。これまでの冷蔵庫をめぐる表象世界では、この身ぶりが欠けていた。この行為が、明解に発信されることがなかったのである。それはなぜであろうか。多言は要しまい。そこでは、質感を判定するという価値基準が、中心原理として機能していなかったからである。滑らかであるか、凸凹していないか、きめ細かいか、滑るような感触か。こうした表面のできごとを判定すること自体が、冷蔵庫というモダンな道具を判定するとき、さほど重要なできごとだとは見なされてきていなかったからである。これまでであれば、冷蔵庫の良し悪しを決めるのは、まずは、その性能であり、機能であり、使い勝手のよさだった。つまりは実用価値だった。そして、次に良し悪しを決めるのは、木目調家具にも似た重厚感であったり、衛生器具としての信頼感を呼びさます印象だったりした。つまりは審美的価値だった。もちろん、どちらも重要だった。

なるほど、審美的価値そのものは古くからある。ただし、その中味は「白さ」ではなかった。たとえば、みずからをピアノに喩えたサイフォン冷蔵庫も、なるほど、審美的価値に重きを置いていた。

「オーナーの誇り」だとか「満ちたりた感覚」を、前面に押しだしていたのがそれだ。しかし、それらは決して、「白さ」が発信するモダンさからくるものではなかった。むしろそれは、伝統的な家具調度の文化資本からくるべき審美的価値であった。しかもそれは、冷蔵庫あるいは冷蔵函の表象戦略における、重要ではあるがひとつの原理でしかなかった。決して、冷蔵庫の判定にとり中心原理ではなかったのだ。冷蔵函にとり木目であることが、絶対条件であると表明されたことは、これまで一度たりともなかったのである。かつて判定の中心原理だったのは、なにはさておき実用価値だった。審美的価値は、あくまでも余剰的なものでしかなかった。木目が美しいこと、あるいは、どっしりと落ちついていること、それは、いわば十分条件ではあったが、必要条件ではなかったのである。少なくとも、広告の世界においてはそうだった。ましてや、ポピュラー系科学雑誌など科学ジャーナリズムの世界においては、いわずもがなであった。要するに、これら一切合切を背景にして、これまで冷蔵庫をめぐる表象世界において、指先でなぞるという身ぶりは存在してこなかったのである。

ところがである。この三四年型電気冷蔵庫フリジデアの広告では、友人のもとを訪れた主婦が、あろうことか、腕をさしのべて、冷蔵庫の表面を指先でなぞっているのである。ここでは、「手をあててごらんなさい」とテキストが呼びかけている。しかもそれだけではない。図像としても、表面の質感を確かめる行為が明確に表明されているのである。くりかえすまでもないだろう。ここで主婦が指先でなぞっているのは、その表象構造の基盤において、ひとつの重大な価値の転換が起こっておればこそである。それはどのような転換であるのか。それは次のような事態である。すなわち、冷蔵庫を判定するにおいて、実用価値はいうまでもないが、同時に、審美的価値が中心原理のひとつとして浮かびあがってきている。しかもそれは、琺瑯引きによる、雪のように白い表面加工をめぐる審美的価値として誕生してきている。つまり、白物家電であることという存在論が、ハッキリと輪郭をとりはじめているのである。

雪のように白い表面を指でなぞる。この身ぶりこそ、後年白物家電と呼ばれることになる表象世界が、みごとに凝縮されている図像に他ならない。

それは、言いかえればこうだ。すなわち、機能がしっかりしていることは言うまでもないことだ。だがしかし、それだけでは足りない。これからは、優美で、上品でなくてはならない。白物家電というのは、単に偶発的に白い、というだけでは成立しない。白くあらねばならないのである。白さ、それは、もはや余剰的できごとであることを許されない。冷蔵庫がモダンな道具たらんとする限り、遵守されねばならぬ規範となったのだ。黎明期、みずからに白さを規範として課すことによって、白物家電はようやくそれとして、真にモダンな道具として歩きはじめたのであった。

白い国家的同一性

一九三〇年代、白さは規範となった。

『コンパニオン』一九三五年二月号が伝えている。「レオナルド冷蔵庫」の広告である。バレンタインデーの贈り物を作った会社の最新機種だ。「今や妻の第一志望は新型レオナルドです」と銘打たれた広告である【図47】。

若い夫婦が店先にやってくる。冷蔵庫を選びに来たようだ。奥さんには、もう心に決めた機種があるらしい。展示された一台の冷蔵庫を指さしてその意を伝えた。すると旦那さんがひとこと。「そうなのか、君はレオナルドを選んだんだね……ジェーン、君はほんとうに賢い《スマート》消費者だよ！」。それを聞いたジェーンが、誇らしげに応えた。「冷蔵庫ならレオナルドね。わたしが欲しいと思う機能がすべてついているんですもの」。これが会話のすべてだ。そして、この場面に冠されたキャプションは、「夫に誉めてもらうのを、妻はワクワクして待っています」。なんともたわいのない設定だが、いかにもありそうな話である。そして、なんとも受苦的な価値にしばられた表象世界である。一方で、夫への無償の愛をささげる「かわいい女」、他方で、冷蔵庫の機能をしっかり勉強する「できる女」。そのどちらが欠けてもいけない。くだくだしく述べるまでもなく、ここにあるのは、かわいい女とできる女を、双方ともに規範として課せられた「モダンな主婦」神話である。それについては深追いするまでもない。

【図47】「魅力的で現代的なライン」は「美しい」。まっ白な冷蔵庫を選ぶ「君」は完璧な主婦に他ならない。完璧な主婦をもったことを旦那は誇りに思う。白物家電はモダンな主婦神話には欠かせない。

さて、わたしたちの関心にとって重要なのは次の一点である。この主婦は、もちろん機能については吟味している。新型レオナルド冷蔵庫が「新機軸」として盛りこんだポイントは、押さえているのだ。それは、開閉扉に接続された「自動庫内照明システム」であり、製氷皿をくっつかせないための「簡単取り外しグリップ」であり、背の高い二リットル入り牛乳瓶を寝かせずに、立てたまま収納できる「はね上げ式収納棚」であり、両手がふさがっても、つま先で扉を開けられる「開閉用ステップ」「レン・ア・ドア方式」である。もちろん、宣伝文もこうした一連の新機軸をならべたて、麗々しく謳いあげてゆく。さらには、消費電力が低く電気代がかからないという、優れた経済性を指摘するのも忘れない。すべてあげてゆく。しかし、饒舌なその宣伝文の冒頭をかざるのは、他ならぬ、その優美で上品な容姿である。曰く、

魅力的《チャーミング》で現代的《モダン》なラインをした、大きくて美しい《ビューティフル》キャビネットをご覧ください。

すべては、こう切りだされるところから始まるのである。新機軸がもつあらゆる実用価値にさきだって、まずは審美的価値が語られる。魅力的であり、現代的であり、そして美しい。もちろん、機能をないがしろにするわけではない。それはしっかり喧伝する。しかし、それと同じくらい、あるいはそれに先行して、まずは容姿がもつ審美的価値を語ってみせる。それらが、冷蔵庫選びに際しては、もはや欠かすことのできない重要事項ででもあるかのようだ。

こうなると、バレンタインデーばかりに先を越されてはいられない。最大手ゼネラル・エレクトリックも黙ってはいられない。『上手な家事』一九四〇年四月号が、早速これを報じている。「ゼネラル・エレクトリックがこれまで作った中でもっとも価値ある偉大な冷蔵庫」と銘打たれた広告だ【図48】。なんとも大袈裟な文句で告知されているのは、最新の一九四〇年型冷蔵庫である。新機軸は、なんといっても「庫内空調システム」を導入した点と、大量生産ラインにものをいわせた「驚きの低価格」だそう

だ。詳しくはもうよかろう。

わたしたちにとって逃せないのは、見出しにおどる三つの謳い文句である。曰く、

美しいスタイル！　ひろい庫内空間！　便利な新機軸！

これである。便利な新機軸とは、いうまでもなく空調システムのことだ。ひろい庫内空間というのも機構上のできごとだ。さて目を惹くのは、そうした技術ポイントに先行して、まずは「美しいスタイル」と切りだされている点である。この三つの謳い文句が、この順番で並べられたのは、もちろん修辞学上の判断からくるものである。しかしその一方で、統語論的にみても、もっとも先頭におくべきキーワードが副次的でどうでもよい文言であるはずがない。とどのつまり、この順番で謳い文句を配列したという修辞的手立ての基盤には、いうまでもなく、この新機種をめぐる総合的判断――つまり技術的判断や販売促進的判断、企業イメージ的判断などなど――があったればこそである。これをひとことで言いかえれば、最

【図48】「美しいスタイル」。機能的新機軸や実利的価値にも増して、美しいという審美的価値が前面に押し立てられる。白物家電の神話である。

新の冷蔵庫にとっては、「美しい」というできごとも、もはや欠かせない最重要事項のひとつだ。この広告の表象世界をなりたたせていたものが、こうした判断であったことは明白である。

添えられた図像もダメを押している。もはや、細かな技術的細部を伝えようとはしていない。なんらか機能主義的な意味層を連想させるような細部は、写しだされていない。そこにある画像は、完全に審美的価値に訴えかける哲理からのみ構成されている。警察官一家のむつまじいショットもあいまって、そこに現前しているのは、大型冷蔵庫の雪のように白い表面が発信する記号だけである。そのメッセージ内容は、凛々しく屹立しながらも、決して居丈高ではないやさしさであり、威風堂々としていながらも控えめな清楚さであり、家族につねに寄りそってくれそうな、満ちあふれた愛情であり、とどのつまりは「親愛なるさりげなさ」である。そして、この画像に添えられたキャプションは、たったひとこと。「もっとも洗練されたアメリカ！」。これである。憂鬱な遊歩の哲学者をもってすれば、見ようによっては、次のように断ずるかもしれない。曰く、白物家電「冷蔵庫」はここで、いわば国家的同一性《ナショナル・アイデンティティ》にすら比されるような記号性を獲得しかかっている。

確かに、独立戦争時以来、一貫して氷消費大国であった米国にしてみれば、氷と製氷技術をめぐる、その文化資本の厚みを考えたとき、他の文化圏にも増して、冷蔵装置に対してひとかたならぬ思いをいだいてきたのやもしれない。仮にそうであるとしたならば、ここでの大言壮語といわれかねない物言いも、文化史的あるいは大衆表象史的には、むしろ当然のできごとであったともいえよう。

冷蔵庫は美しくなければならない。なるほど、時代はもはや、本格的に白物家電の時代に突入していったのである。

第六章　白いモダンライフ——白物家電の神話

どこもかしこもまっ白

白さは白物家電の存在論となった。では、「白色であること」のもつ表象構造、すなわち白い神話とは、いったい、どのようなイメージの系譜から生まれてきたものだろうか。

およそ色彩がもつ記号性というのは、いかなる時代でも、どの文化圏でも、それぞれに存在するものである。「白い色」ひとつ見ても、さまざまなできごとがあり、そこから発信されるイメージ総体となると膨大なものだ。さまざまなできごとというのは、たとえば、雪や氷の白さであるとか、可憐な野草エーデルワイスの純白であるとか、白雪姫の肌の白さであり、さらにはまた、風呂場のタイルや病院の壁の白さだとか、牛乳の白さだとか、ワイシャツの白さのことだ。古くからあるもの、新しいもの、天然のもの、人工的なもの。なんであれ、およそこの世に存在しているあらゆる「白いもの」たちのことである。当然のことながら、こうしたものたちというのは無数であり、それぞれの社会的文脈や文化的文脈ごとに、さまざまなイメージをそれぞれ発信してきている。それは、ときに「純潔」や「清廉」をイメージさせ、ときに「無垢」や「純朴」を想念させる。あるいはまた、ときに「冷淡さ」や「無機質さ」を連想させ、ときに「生気のなさ」や「酷薄さ」を思いおこさせもする。それこそ、あげてゆけばきりがない。しかし、こと白物家電を成立させた直接の背景である「白い神話」の系譜を探るには、一九世紀後半の近代衛生学が生んだ白い神話からたどるのが至当である。

まず、全体の見取り図をいえばこうだ。白物家電をめぐる「白い神話」というのは、二層構造でできている。いわば、二階建ての家のようなものだ。「白物家電」の白い神話は二階部分にあたる。そして、一階部分にあたるのが、「近代衛生学」が生んだ白い神話である。二階というのは一階がなければ成立しない。すなわち、白物家電の白い神話というのは、近代衛生学の白い神話がなければ成立しなかったのである。しかも、大抵の場合、一階と二階は階段でつながっている。つまり、近代衛生学の白い神話は、白い冷蔵庫の神話と、どのようにしてか階段でもってつながっているのである。

したがって、白い冷蔵庫の神話を見るには、まずもって、一階部分にあたる、近代衛生学が生んだ白い神話をみなければならない。そして、そこで生まれた白い神話が、どのようにして、二階部分にあたる、白い冷蔵庫に流れこんでゆくのかを探らなくてはならない。つまりは階段を探りあてねばならない。それが本章での作業である。

さて、そもそも近代衛生学が生みだした白い神話とは、いったいどのようなものであるのか。それは、「清潔さ」と「科学」という二本柱でできている。もちろん、その他にもいくつか柱はあるが、基本的にはこの二本が大黒柱だ。「白い清潔さ」と「白い科学」。これである。

そこで、まず最初の大黒柱を見てみよう。近代衛生学が生んだ「白い清潔さ」の系譜である。

これについて、ことの次第は比較的見やすい。人類の長い「暮らしの歴史」において、近代衛生学ならびに近代栄養学がはたした役割ははかりしれない。欧州では、一八三〇年代、コレラ禍にみまわれて以来、衛生を根本的に改革する機運がたかまった。生活環境を清潔に保つ。これが緊急課題になったのだ。たとえば、洗濯や掃除という日常的身ぶりも、化学洗剤や電気掃除機など、衛生を分析した知見から生まれてきた道具で、科学的に補完されるようになっていった。これについては深追いしないでおこう。

食品衛生もそのうちの重要な課題となった。しかし、食料品の多くはあいかわらず、これまでの因習的な商習慣のもと売買されており、中央衛生局からくりかえし種々の通達は出るものの、その管理の目はなかなかゆきわたらなかった。

そんなさなか、一九世紀後半、顕微鏡の発展によって、細菌やウイルスおよびバクテリアの世界が科学的に認識されるようになってゆく。それにより、たとえば、食品と細菌類のかかわりが、これまで以上に正確に解明されてくる。その結果、ひとびとの日常生活のレベルでいえば、食材や食器類に対して、単に表層ばかりではなく、裸眼では見えない深層にわけいって、微細な領域においてもまた、殺菌や除菌の手立てをほどこすように要請されていったのである。具体的には、殺菌作用をもった石鹸や洗剤で、食器類を清潔にすることで、バクテリアなどが滞留することを防ぐように要請された。こうした暮らしのスタイルが重要とされていったのである。

たとえば、二〇世紀初頭ドイツでは、『児童衛生図解』という書物が刊行されている。これまでの育児法を批判して、まったく新しい衛生的育児法を啓蒙する指南書である。そのなかでは、さまざまな場面が想定されている。もちろん、新生児の授乳についても語られている【図49】。曰く、目盛りは「グラム単位」で表示されねばならない。「おしゃぶり」は、コルクなどの充填物がない、「単純」なタイプでなくてはならない。なぜなら、あらゆる細部に至るまで、細菌を滞留させないことが肝要だからだ。衛生をめぐる新思潮を啓蒙するのが主眼であるから、古い習慣と新しいやり方とを対比して、はっきりと差異化をはかるよう編集されている。新旧の哺乳瓶をならべ、一方に大きくバツ印をつけ、推奨されるべきものと、否定されねばならないものとを強く印象づける。こうした紙面構成にも、啓蒙の意図が投影されているのである。

【図49】正しい哺乳瓶と正しくない哺乳瓶。大きなバツ印でもって近代衛生学の要点をひと目で分かるようにする。啓蒙活動によく見られる図像的演出をほどこされた図像だ。

つまり、一九世紀後半、なんであれ衛生というとき、これまでのように、目に見える表層に関心をむけるだけでは足りなくなった。これからは、場合によっては、不可視の深層にまで注意をはらわねばならない。こういった価値の枠組みが起動しはじめてきた。いわば「深層への衛生的まなざし」が生まれてきたということである。

ちなみに、明治一七年（一八八四年）森鷗外はドイツに渡り、ライプチヒ大学の衛生学研究室に入った。その折り、ベルリン滞在時の体験にもとづいて書いたのが小説『舞姫』であることは知られている。今日では、明治の文豪として、森鷗外はひとびとの印象に残っている。しかし、帝国陸軍から派遣された本来の使命は、当時の欧州における近代衛生学の最新情報を修め、帰朝することであった。

『市区改正ハ果シテ衛生上ノ問題ニ非サルカ』（一八八九年）や『公衆衛生略説』（一八九〇年）といった論考をはじめ、実際、わけても公衆衛生の観点から、鴎外が日本の近代化にはたした役割は大きい。つまり、森鴎外が赴いたのも、欧州において起動してきていた、他ならぬこの「深層への衛生的まなざし」を学ぶのが目的だったわけだ。

二〇世紀に入っても、こうした不可視の領域への関心は増幅していった。それまでには存在しなかったそうした関心を普及させるため、近代衛生学を学問的背景として、公衆衛生局や保健所を中心にして、行政指導や広報活動がひろくおこなわれるようになってゆく。とりわけ食にかかわる分野では、産業界も、こうした新動向に無関心ではいられなくなった。これからは、なにごとにつけ、衛生第一を念頭に置かねばならなくなったのである。

そこで、「衛生的に身を保つ」、これを目標にしてさまざまな技術が開発されていった。先にあげたように、コルク栓を使わないタイプの哺乳瓶にはじまり、タイル張りの風呂場しかり、陶器製の流し台しかり、規格化された金属製のゴミ箱しかり。暮らしのすみずみにまで、細菌の滞留を防ぐ手立てが講じられていった。こと食器類に関しても、抗菌や除菌さらには殺菌という点において、いくつかの新機軸が考案されてゆくことになる。なかでも、登場するやいなや、たちまち社会に普及していった道具があった。それが「琺瑯」である。表面に琺瑯加工をほどこした家事の道具だ。キーワードは細菌を寄せつけない。これであった。

そもそも琺瑯《ポルセラン・エナメル》というのは古い技術である。文献によれば、古代エジプトでも使われていた。近代的な琺瑯加工技術が誕生したのは一八世紀中葉のことで、金属の表面に被覆するスタイルが考案された。それは、鋳鉄やブリキ鋼の表面に、二酸化硅素を主成分にした釉薬を高温で焼きつけて、釉薬のガラス質が均質に表面を覆うというものである。その結果、不純物が深層に侵入するのを遮断する特性が生まれたのである。その意味では、もともと細菌類が滞留しにくいものだった。さらに、一九世紀中葉、そこにあらたな技術改良がふたつ加えられた。ひとつは、それまでとは違い、「鉛」を含有しない琺瑯の製造技術が考案されたことだ。これにより、鉛害の危険性がなくなったので、食器類としても使うことができるようになった。そして、もうひとつは、琺瑯に銀粒子を混合する技術が開発されたことだ。その結果、抗菌性の高い琺瑯が生まれることとなった。欧州では古くから銀食器が使われていた。なぜなら、銀が細菌作用をもつ素材であることを、ひとびとは体験的に学んでいたからである。そうした特性をもった銀を混合することにより、これまで以上に強い殺菌作用をもつとされる琺瑯が、市場にあらわれたのだった。

本来、琺瑯というのは、腐食もしなければ、錆もしないという特性をもったものだった。そこに、有毒な鉛を含有せず、銀粒子の殺菌作用をあわせもつ近代的琺瑯が生まれてきた。技術的には、この時点で、台所への道がひらかれたわけである。しかも、そうした琺瑯引きの器財は、そのほとんどが「白色」をしていたのである。そして、ここから生まれたのが、白い琺瑯器財こそ清潔さを保つという表象世界だった。これが一階部分にあたる、近代衛生学の白い神話である。

これが、二階部分につながってゆくのに時間はかからなかった。

一八九〇年ベルリンに、ある会社が設立された。食品加工機械ならびに台所器財を製造する会社だ。社名をツェラー&カンパニーという。ソーセージ用肉挽き機や腸詰め製造機から、冷蔵函や調理器具にいたるまで、食をめぐる機械仕掛けを手びろく作る会社である。本社は、一九世紀を代表する食品衛生管理の殿堂であった中央公設市場《ツエントラレ・マルクトハレ》のまむかいにあり、支社も、これまた中央衛生局お墨付きの衛生施設「食肉中央マーケット」に隣接していた。すなわち、ベルリンの近代的かつ衛生的な食文化のコード体系の中央に位置することを許された会社である。つまり、モダンライフの使徒を任じる会社といえる。

そんなモダンライフの使徒が、二〇世紀初頭、商品カタログを刊行している。そこには、すべての商品がならんでいる。そのなかで、大きく紙面をさいて紹介されているのが、いうまでもなく琺瑯引き台所用品なのである【図50】。「琺瑯製大皿」や「琺瑯製サラダボウル」にはじまり、「琺瑯製ニシン漬け用深皿」や「琺瑯製深鉢《ムルデ》」にいたるまで、なんでも揃っている。大皿ひとつとってみても、「矩形タイプ」のものもあれば、「楕円形タイプ」のものもある。深鉢にしても、「取っ手付きタイプ」のものも、「取っ手なしタイプ」のものもある。ゆたかな選択肢が用意されているのだ。

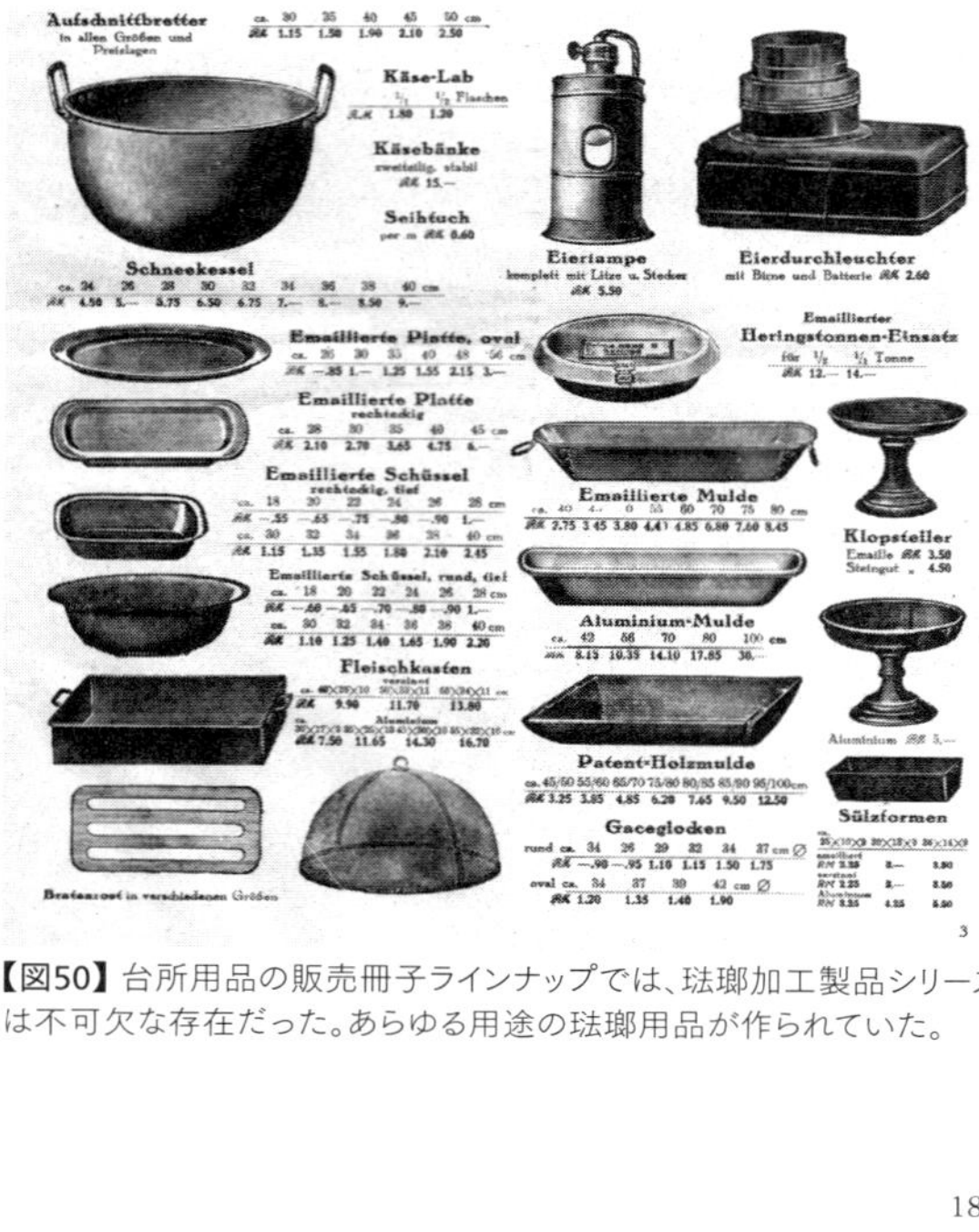

【図50】台所用品の販売冊子ラインナップでは、琺瑯加工製品シリーズは不可欠な存在だった。あらゆる用途の琺瑯用品が作られていた。

単に琺瑯モノというだけではない。機能と用途に応じて、細かく分節されている。つまり、台所で起こりうるあらゆるできごとに、対応できる細分化がなされているということだ。そうした細分化が可能になるのは、ひとえに、琺瑯製台所用品がさまざまな用途に使われていた、つまり、社会のすみずみにまで浸透していっていたというできごとがあったればこそだ。

白色の琺瑯引きの食器類や調理器が、台所を席捲していった。それは、琺瑯という物質に密着した、即物的な白い神話圏だった。

【図51】どこもかしこもまっ白。台所にところせましと並んでいる白色の琺瑯製調理器具たち。鋼鉄材のガラス状合金が耐久性と清潔さを保証する。

なにも衛生学の本場ドイツばかりではない。米国でも台所には、白い琺瑯製調理器がならぶのである。『上手な家事』一九二五年二月号がそのようすを伝えている。コロンビア琺瑯加工&型押し会社の広告である。同社の琺瑯加工食器シリーズ「サニトロックス」を紹介したものだ【図51】。キャプションは誇らしげに謳っている。曰く、「鋼鉄材に被覆したきらきら輝くガラス状合金」です。宣伝文は、琺瑯素材の実用価値を列挙してゆく。そして、それにも増して、その美しさが際だっていることを喧伝している。「美しく、いつまでもながもちする食器」なのです。そして、なにより添えられた写真が雄弁に語っている。なるほど、そこには、なんでもやる家政婦妻がベーキングパウダーであろうか、いましも粉を溶いている。そして、その手前の作業台にも、背後の食器棚にも、ところせましとまっ白な琺瑯製食器がならんでいるのである。

即物的な白い神話圏が、台所を中心に、その権能をほしいままにしてゆく。こうした事態を逆説的に証ししているテキストもある。『上手な家事』一九二八年二月号がそれだ。家政学の権威から主婦に向けて発せられた記事は、「さあ、色彩を豊かにしましょう」と題されている【図52】。記事の書きだしが印象的だ。「今や色彩の魔法の杖が家中をとびまわり、とうとう台所にまでやってこようとしています」。すなわち、家具や調度品をカラフルにする。これが時代の新潮流だと見立てるのである。そして次のように診断をくだすのだ。曰く、

かつて台所といえば、どこもかしこもまっ白《オール・イン・ホワイト》でした。

このように総括してみせるのだ。そして、次のように提言してゆく。曰く、各メーカーが研究を重ねた結果、衛生的かつ豊かな色彩をさまざまに導入することによって、台所を「明るく、楽しいものに」

【図52】白い台所をカラフルに変身させる。家政学の権威が提唱する「改善」が彩色をほどこすことだとすれば、それまで白い台所が常態だったということだ。

作りかえることができるかもしれません。このように述べるのである。研究所の提言はそれとして、ここから確認できるのは、カラフルにすることによって「改善」されるべき台所、とりわけ台所用具というのは、逆に言えば、それまで色彩が欠如していたということ、すなわち白かったということである。「どこもかしこもまっ白」。この表現がすべてを物語っている。そして、記事に添付された写真は、いずれも彩色された琺瑯製調理器具と食器たちである。つまりは、彩色される以前は、いずれもまっ白な琺瑯引きの道具だったということだ。

そして、他ならぬこの琺瑯引きが、その高い除菌性を謳い文句にして伝播した結果が、これまでくりかえし見てきたように、冷蔵函や製氷装置外付け式冷蔵庫の内装が、まずもって琺瑯引きとなっていたという事実である。そして、その伝播は内装にとどまらず、時を待たずして外装にまでおよんでいった。つまり、「どこもかしこもまっ白」な冷蔵函や冷蔵庫が、誕生したというわけだった。二階部分にたどりついたわけである。

以上をまとめれば、白い家電品をなりたたせる「白い神話圏」の出自は、まずは、近代衛生学を背景として登場してきた琺瑯加工という即物性から来ている。一階と二階をつなぐ階段の正体は、白い琺瑯加工という即物性だったのである。近代衛生学の「白い清潔」神話は、ほぼそのままのかたちで、白物家電の白い神話に流れこんでいったのだ。

白衣の神話

次に、二本目の大黒柱を見てみよう。近代衛生学が生んだ「白い科学」の系譜である。

さて、白い科学というのは、かなり裾野のひろい表象世界である。一筋縄ではゆかない。しかも、それらは、琺瑯加工とは違って、即物的な現象として直接作用するというのではなく、むしろ、漠然としていて、つかみどころがなく、他の媒介項を経てはじめて作用するような、いわば間接的なものであることが多い。それは間接的表象といってもよい。

白さの間接的表象とは、どのようなものだろうか。簡単にいえば、それは、琺瑯加工技術などとは違い、なるほど近代衛生学にかかわりこそすれ、食器や調理に直接関係しないものたちが発信する、漠然とした白色イメージのことである。

そもそも、人間の表象行為というのは、じつに融通無碍なものである。あるものを見たときに、さまざまなことを連想する。それは、目の前にあるものに帰属する特性からくる連想のこともある。と同時に、目の前にあるものには帰属しないが、どこかしらそれとの相似性あるいは相同性をもつものの特性からくる連想であることもある。つまり、少しでも共通点をもつと思われるものからくる想念だ。それが、実際に共通点をもっているかもっていないかは、じつはどうでもよい。もっていると思われさえすればよいのである。

そして、ことの真相はさておき、そのように思われるものが想念されたとき、そこから発信されるイメージ世界というものが、目の前にある当該のもののイメージ世界に「共振」し「共鳴」する。ほとんどそれは、瞬時におこるイメージの立ちあげであって、決して、理性や理屈で呼びだされてくるものではない。それは、なかば押しとどめようもなく起動してくるパターン認識のようなものである。そして、そこで起こる共振や共鳴も、これまた錯綜して複合的に起こるのであって、決して、原因と結果というような、明解な因果関係をもつものでもない。

本来は、白物家電とはなんの関係もなさそうに思われる、そうした「白さ」たちも、こうしたパターン認識の作法から自由であった保証はなにもない。それ自体立証することは、はなはだ困難ではあるが、白い琺瑯引きや冷蔵庫、あるいは白物家電を見たとき、こうした白さをめぐるパターン認識のメカニズムが起動してきた蓋然性は高い。むしろ、白い琺瑯引きや白物家電の場合に限って、こうした表象のメカニズムが立ちあがってこなかったと想定する方が、蓋然性としては低いといえよう。

実際、二〇世紀前半の近代衛生学をめぐる表象世界を見わたしてみると、そこには、間接的表象としての「白い科学」の図像が無数にある。それこそ千差万別だ。しかし、そこには、白さをめぐって、大きく分けてふたつの傾向があることに気づく。ひとつは、「科学そのもの」を想起させる「白い神話」であり、もうひとつは、「冷気」を連想させる「白い神話」だ。「白い科学」神話も、それ自体、二本柱でできているのである。

白い科学神話は、科学そのものを指示する神話と、冷気を指示する神話でできている。さて、「科学そのもの」を想起させる白さにもいろいろあるが、もっとも典型的なものといえば「白衣」である。他方、冷気を連想させる白さといえば、雪や氷塊は言うに及ばず、「雪だるま」や「北極圏」、あるいは「シロクマ」や「イヌイット」も頻繁に登場する。なかには、密接に衛生学と連動したイメージもあれば、必ずしも衛生学とのつながりが見えにくいものもある。しかし、これらが一種の記号として援用されることにより、間接的なかたちで、近代衛生学を想起させ、やがて、台所や白物家電の「白さ」というイメージ世界に共鳴してゆくのである。それは、まるで連想ゲームに似ていると思えばよいできごとともいえる。

さてそこで、白い科学神話のうち、まずは、「科学そのもの」を指示する記号である「白衣」の表象圏を見てみよう。

記号としての白衣が発信するメッセージ内容とは、いったいなにであるのか。これは、比較的見やすい。すなわち、衛生問題にかんして、なんらかの「科学的権威性」を暗に指示するメッセージである。たとえば、医師や研究者の白衣のもつイメージ世界だ。そこには、近代衛生学という言葉から発信される表象の枠組みが強く共鳴する。そうした構造をもった図像である。もちろん、直接「白衣」そのものが登場する場合もあれば、それがいかなる図像的修辞学の手立てによってか、直接的には描かれない場合もある。

ひとつだけ前者の例をあげてみよう。ドイツ消費者連盟GEGの機関誌『消費者連盟民衆新聞』一九三三年二月中旬号に掲載された図像である【図53】。同連盟運営会社が作る洗濯用洗剤「GEGファモス」の広告だ。テキストはもちろん、この洗剤の高い洗浄力や除菌性、あるいは労働軽減や省力化といった利得を説いている。添えられた図像には、ふたりの女性が描かれている。ひとりは普通の家庭の主婦だろう。手に洗いたてのタオルかなにかを抱えている。もうひとりは、白衣を着た女性である。手には洗剤をもっている。そしてふたりは、たがいに微笑みながら握手をかわしている。合意と信頼の心象をあらわしているかのようだ。

多言は要しまい。左側の主婦は消費者連盟の会員ででもあろうか、いわば普通のユーザーである。それに対して、右側の女性は、単なる消費者というのではなく、なんらかの専門性を感じさせるような身体性を示している。それは、自信に満ちたような立ち姿からくる印象かもしれず、迷いのない表情からくるイメージなのかもしれない。しかし、そうした専門性あるいは専門的権威性を発信しているのは、他のなににもまして、彼女が着ている「白衣」からくるものであることは間違いない。

　彼女に織りこまれた物語というのは、おそらく、連盟運営会社研究所の研究員か開発担当者といったところか。いずれでも構わないが、要は、この女性が、一般消費者の素人性とは違った範疇に属する存在だという構図。つまりは、こと衛生問題にかんしては、どのようなものかはさておき、およそなんらかの「専門性」や「科学性」をもった人物であるという構図。これが、この広告に描かれた図像の表象基盤になっていることはいうまでもない。そして、そうした専門性や科学性を、もっとも明確に発信している図像的細部こそ、彼女が着ている白衣にほかならない。

　これをまとめると、次のようになる。ここにあるのは、「白衣は清潔さの表徴だ」という構図だ。しかし、白衣の白さは琺瑯の白さ

【図53】ドイツ消費者連盟製の洗濯用洗剤「GEGファモス」の宣伝広告。白衣を着た専門家が平服の主婦にファモスの科学的効能を約束する。

とは、まったく違う構造でできている。琺瑯の白さは、琺瑯加工それ自体の即物性からくる表象だったし、琺瑯がもつ高い除菌性という機能からくる直接的な表徴だった。しかし、白衣の白さは、同じ清潔さの表徴としても、白衣そのものの即物性や機能性がその中味ではない。白衣の白さが表徴するのは、まずもって近代衛生学という、清潔さをめぐる近代学問体系それ自体だ。じつは、ことの次第としては、こうして白衣によって表徴されている近代衛生学そのものが、清潔さを保証するのである。清潔さが保証されるのは、白衣そのものによってではなく、白衣に代表される近代衛生学によってなのだ。つまり、白衣は清潔さという表象世界に到達するのに、いちど近代衛生学という表象世界を経なくてはならない。白衣は中間項を経てはじめて、清潔さの表徴たりうるのである。その意味で、白衣は清潔さの間接的表徴といわざるをえない。

ここまで追ってきたのは、もちろん、近代衛生学の白い神話の起動メカニズム、すなわち一階部分の話である。この広告で、その白い神話がめざしたのは、「洗剤」というアイテムであるのだが、このメカニズムはなにも洗剤だけに限った話ではない。洗剤以外の事例にも、同じような起動メカニズムが働くのだ。ということは、もちろん「白い冷蔵庫」も例外ではない。その例を見てみよう。白衣の神話が一階から二階に移動した実例である。

白物家電の表象世界に白衣の神話が流れこんできた。これを証ししているのが、『上手な家事』一九三一年一〇月号である。「だから私は研究所を訪れたのです」と題された記事だ。家政学の権威である同誌が、中立性を保つために自前で「上手な家事研究所」を運営していることは先に述べた。その探訪記である。

物語仕立てになっている。研究所を訪れたのは「電気冷蔵庫のセールスマンである夫」だ。先日、夫婦して電気屋に出むき、新しい全自動冷蔵庫を買おうとした。店頭にならぶ機種を、はじから見てまわったものの、妻が首を縦にふらないという。妻の言い分は明解だった。妻は店員に訊いた。「貴方の冷蔵庫は、『上手な家事』研究所のテストで認証されていますか？」。認証されていないと聞くや、「もう妻の心は決せられたのです」。「どんなに有利な保証がついている」といわれても、「そんなものになんの意味もありませんでした」。この製造会社は「豊富な資金力を背景に、かなり評価をうけている会社だ」と説明しても、「これまたなんの意味もありませんでした」。夫は、「かなり売れてる製品じゃないのかい？」と誘ってもみました。よしんば、その通りだったとしても、「妻には、認証シールが無いことが決定的だったのです」。そこで、自身セールスマンをしている夫が、妻がかくも全幅の信頼をよせる「上手な家事研究所」とは、いったいどのような施設なのか、その絶対的な権威とはどこからくるのか。それを知るべく訪れたという設定である。これ以上こまかい話はいいだろう。

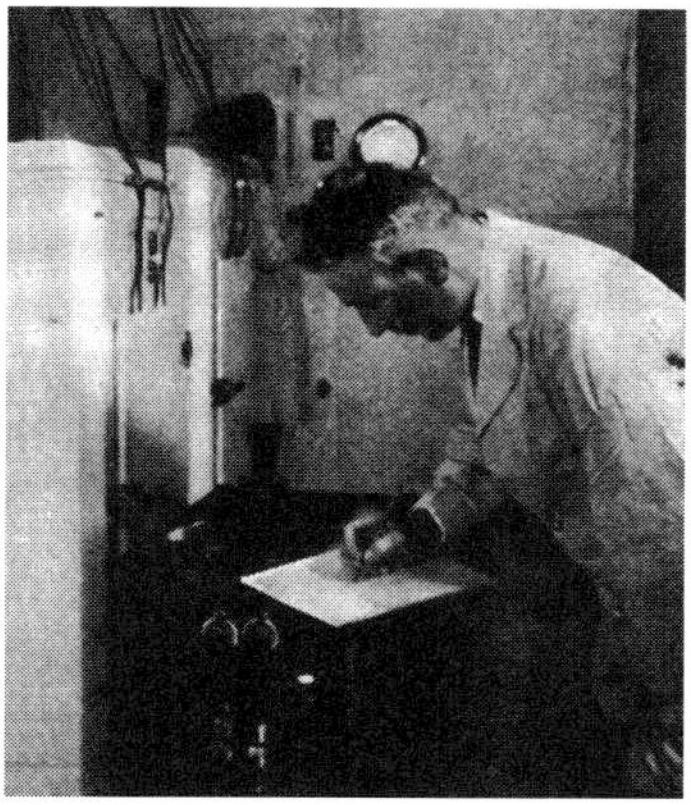
【図54】 科学的権威を象徴する白衣が、家政学の研究所で電気冷蔵庫の前に立つ。科学神話と数値計測神話とが白衣という記号に一挙に凝縮して託される。

　さて、わたしたちの関心にとって重要なのは、誌面に掲載されている一枚の写真である**【図54】**。同研究所の研究員「ドニエッ氏」だという。所内を案内してくれた編集長によれば、「わたしどもの研究所でも、冷蔵庫の専門研究員」であるらしい。ちょうどいま、「温度調節をした研究室でデータを集めているところなのですよ」。編集長はこう説明してくれたと述べられている。一目瞭然である。一心にデータを収集しているドニエッ氏は、他ならぬ「白衣」を着ているのである。この写真にはすべて揃っている。近代衛生学という学問体系の信憑性、なにものにも左右されない中立性を堅持する研究所への信頼性、研究所でおこなわれている科学的性能実験の正確性。そしてなにより、それらすべてを一身に集約した記号としての「白衣」。なにひとつ欠けたものとてない。そして、さらに、そうした一切合切を意味する「白衣」が、他ならぬ「電気冷蔵庫」に連関づけられてゆくのである。

この一枚の写真において、そのイメージ世界をなりたたせている表象構造というのは、ドイツ消費者連盟の洗剤の場合とまったく同じである。白衣という間接的表徴が媒介として、科学の表象世界と電気冷蔵庫の表象世界とをつないでいるのだ。冷蔵庫の白い神話には、近代衛生学の白い神話がやはり流れこんでいるのである。

白い寒気団

白い科学神話をめぐる連想ゲームのもう半分は、「冷気」をめぐる白いイメージだ。これはかなり見やすい。

具体的な例からはじめよう。ドレスデンにあった、電気冷蔵庫ならびに冷蔵函製造会社「エシェバッハ」の商品カタログである。

最新の一九三八年型の同社製品ラインナップを紹介した小冊子だ。見逃せないのは表紙を飾るイラストである【図55】。同社が誇る冷蔵函「エシェバッハ一三〇一／六E」が描かれている。詳しい技術については見るまでもない。これまで見てきた米国における冷蔵函事情と、基本は同じだからである。ただ外装が、「薄鋼板」で密閉されており、表面全体に「琺瑯加工がほどこされ」ている点だけは確認しておこう。

さてイラストである。地球が描かれている。そして、エシェバッハ一三〇一／六Eが置かれているのは、他ならぬ「北極圏」の上である。しかも、冷蔵函の足もとから放射されているかのような意匠で、「白い寒気団」が四方にひろがっているのだ。くだくだしく述べるまでもない。確かに、凡庸といえば凡庸な意匠だが、しかし、そこにある表象の枠組みは明解で、示唆に富んでいる。

【図55】北極の冷気をめぐるあらゆる文化資本を総動員する。雪原や氷原の白さを媒介にして、四方に流れ出てゆく。北極圏の冷気が電気冷蔵庫の冷気表象を増幅させる。

無論、北極圏という地政学的できごとは、冷蔵函とはなんの関係もない。両者の間に、直接的関係はないのである。しかしながら、これまた念を押すまでもないことだが、こうした図像を見たとき、ひとびとの想念のなかには、両者の間に強い連関性を思いうかべさせる表象の連鎖が呼びさまされる。それは、冷蔵函と北極圏という、本来なんの関係もないふたつのできごとが、「冷気」という共通要素でもってつながる。北極圏の白い寒気団は、冷気という中間項を経て、冷蔵函のもつ保冷機能につながるからである。その意味で、北極圏とその白い寒気団は、冷気の間接的表徴たりえているわけだ。その結果、北極圏にあった自然現象としての白い寒気団は、この意匠のなかで、近代衛生学を背景にして科学的に精製された冷気へと水平移動させられてゆく。寒気団は自然現象でありながら、間接的表徴という修辞学的機能を負わされることによって、ある時点で自然現象であることを中断し、別のものに変化する。すなわち、冷蔵函の冷気に変化するのだ。その意味で、北極圏の表象は、冷蔵函の表象に二重写しになってゆくのである。

　ここにある表象の枠組みは、二〇世紀を通してくりかえし起動してくる。なにも冷蔵函だけではない。電気冷蔵庫も同じ表象の枠組みに囚われてゆくのである。

　ドイツ有数の総合電力会社BEWAG《ベヴァーク》の電気冷蔵庫も同断である。一九三〇年代後半、新型電気冷蔵庫を紹介した小冊子の表紙がそれだ【図56】。キャプションにはこうある。少年は「うれしそうに笑った」。「また美味しそうにできたぞ！　肉でも、魚でも、家で保存できるのさ——電気冷蔵庫があれば、いつまでも新鮮だからね！」。描かれているのは、いましもニシンかソーセージの切り身を皿に盛りつけている少年の姿だ。なるほど、うれしそうに笑顔をつくっている。そして、この少年を名指ししてキャプションは告げている。曰く、「エスキモー《（ママ）》のナクーニ君」。多言は要しまい。防寒服に身をつつんだ姿、イヌイットの少年ナクーニ君。ここで、「防寒服」と「エスキモー」という存在が、間接的表徴として、「冷気」を介して電気冷蔵庫に連結しているのは明らかなことだ。

　防寒服やイヌイットといった記号は、近代社会により「発見」されて以来、それぞれの時代のメディア環境を通じて、これまでさまざまなイメージを発信してきた。つまりは、寒冷や極寒であるとか、白い雪原やシロクマであるとかいった、寒冷現象をめぐるイメージたちとして、ひとびとの間に浸透してきた。そうしたイメージたちの総体が、極地の寒冷現象たる「白い冷気」をめぐる文化資本として、ひろく社会のすみずみにまでゆきわたり、堆積してきていた。しかも、大抵の場合、そうした寒冷現象は、受信者である近代市民社会がもつ表象の枠組みを透過させせられることにより、平板化されステレオタイプ化してきていた。この広告は、電気冷蔵庫を明確に表象し、平均的市民である消費者に、より平明に了解してもらうために、そうした平板化された「白い冷気」の文化資本を一挙に援用しているのである。そのことによって、北極圏の寒冷現象や暮らしの実相は、科学的できごととしての電気冷蔵庫の冷気へと、水平移動させられてゆく。本来であれば、極地の寒冷現象というものは、それ自体固有のできごとであって、市民的価値の枠組みからはみ出る部分をもった現象であるにもかかわらず、すべて近代的に了解可能なイメージ世界へと刈りこまれていった。つまりは、近代的衛生学の視点から是とされる「冷気」へと、縮小されているのである。ここでも、白い冷気は、白い科学という枠内に置かれることによって、間接的表徴として機能しているわけである。

【図56】寒冷地の自然や習俗が際限なく持ちだされてゆく。あたかも電気冷蔵庫との意味論的連関性などは、ことさら重要ではないかのようだ。

この手の表象スタイルは、分かりやすいだけあって、ますますステレオタイプ化されてゆき、まことに多用されるのであり、あげてゆけばきりがない。深追いするまでもないだろう。

以上をまとめればこうなる。「白い科学」神話は二本柱からできている。ひとつ目の柱は、「科学そのもの」をめぐる表象としての「白衣」であり、もうひとつの柱は、「冷気」をめぐる表象としての「極地」である。その双方が、それぞれの「語り口」でもって、科学と冷蔵庫をつなぎ、寒冷現象と冷蔵庫をつなぐ。しかも、その語り口は間接的で媒介的である。科学のもつ即物性や、寒冷現象の実相を、無媒介で冷蔵庫にぶつけるわけではない。そのつなげ方の方法論は、どこまでも修辞学的なものであり、図像学的なものである。つまりは、比喩表現という手立てをワンクッション置くのである。しかしながら、こうした表現の手立てというのは、すでにして、寒冷現象の固有性を、近代衛生学というスキームのなかに矮小化し、ゆがめるかたちで平板化するところでしかおこなわれていない。したがって、こうした表象の連結のしかたは、最終的には、近代衛生学という文脈のなかに回収されてゆかざるをえない。北極圏であれ、雪原であれ、イヌイットであれ、いわゆる自然現象やそれに密着した文化的習俗もすべて残らず、換喩となることによって、近代科学と科学技術がきりひらく表象世界に回収されてゆき、とどのつまりは、科学の落とし子である冷蔵庫のイメージ世界に収斂させられてゆくのである。

「白い科学」神話の二本柱「白衣」と「北極圏」というのは、近代衛生学がもつ価値の枠組みの内部における修辞学的比喩であり、図像学的比喩だった。近代衛生学という「白い科学」神話は、そうした修辞学的語り口および図像学的語り口によって、白物家電の白い神話に流れこんでいったのである。

これまでのところをまとめるとこうなる。

白い冷蔵庫の神話は、錯綜した表象体系である。そこには、さまざまなイメージの系譜が流れこんでいるのだった。それは、ときに近代衛生学の新規性であり、科学的に管理されるべき清潔さであり、学問研究の権威性であった。あるいは、ときに琺瑯引きの機能性と審美性であったり、ガラス質の表面の硬質さであったり、除菌性という機能への信奉であったりした。はたまた、極地にも比せられる非日常的な冷気イメージや、汚濁の排除の記号としての白さや、深さへの衛生的まなざしなどであったりもした。これら一切合切の表象の系譜が、複雑な網の目状にひろがり、冷蔵庫を包みこんでいるのである。そして、そうした表象の網の目にすっぽりと包みこまれているという冷蔵庫のありようを、もっとも集約的に体現しているのが、滑らかで手触りのよい「白い表面」なのであった。他のさまざまな新機軸や新しさのイメージの系譜を、すべて集約したできごと。それこそが、冷蔵庫の白い表面だったのである。

一九二〇年代以降、白い冷蔵庫の神話はますます台所を席捲してゆく。それは、白物家電神話のトップバッターとして、二〇世紀の暮らしをモダンライフへと変換させてゆく過程を象徴するできごとだった。しかし、そうしたモダンライフの使徒たる冷蔵庫の新規性は、つねに、この滑らかで手触りのよい白い表面の質感を介して、体感されていった。少なくとも、専門家ならぬ家庭の主婦にとってはそうだった。琺瑯引き加工の技術的新規性も、自動温度調節機能の便利も、自動霜取り装置の快適さも、すべて、白い表面を介して了解していったのである。いかにも清潔そうで、滑らかで、硬質で信頼できそうな、それでいて威圧感のない白い表面。これこそ、近代衛生学を背景にしてかたちをなし、時代の最先端技術から生まれた冷蔵庫の一切合切を発信する神話的記号だったのである。

白い卓越化

白い冷蔵庫の神話は、卓越化《ディスタンクシオン》の表象体系である。

卓越化というのは、もっぱら審美的判断を基準にして、ある社会集団を自分より「下位」に置くことによって、ひるがえって、自分を仮想的に「上位」に置くことを可能にする表象システムである。それは言いかえれば、それ自体、文化的権力闘争であり文化的階級闘争である。簡単にまとめれば、「わたしは彼らより趣味がよい」という思いだ。

趣味がよいというのは、審美的できごとだ。この趣味の良し悪しという、ただ審美的でしかないできごとが、わたしと彼らを差異化する、ひじょうに重要な基準となったのである。

そもそも卓越化というのは、本来、経済態勢や社会構造に発して、その社会構成員の生存や暮らしぶりに、物質的にかかわってゆく階級闘争の謂いであった。なるほど一九世紀には、いまだそうした側面が強かった。しかし二〇世紀に入り、とりわけ一九二〇年代から三〇年代になると、市場経済と情報消費環境の進展によって、そうした階級闘争の現場が、物質的な分野から、より審美的判断の分野に水平移動してくることになる。無論、だからといって、物質的な分野をめぐる闘争の現場が、まるでなくなるわけもない。しかし、相対的な問題として、闘争の対象領域がより表層的な部分に移行し、より微細な差異が大きな比重を占めるようになってきたことは間違いない。つまり、暮らしの実態にもまして、暮らしのイメージが重要になってきたのである。

他との差異化をはかる。しかも、実用価値もさることながら、もっぱら審美的価値をほとんど唯一の判断基準とする。それが卓越化の作法だ。とりわけ二〇世紀に入り、大量生産され一見「均質」に思われる製品を、「平等」に入手することができる市場環境が、これまで以上に完成されてきた。さらに、これまた二〇世紀になって、大量の情報を「平等」に消費できるメディア環境が整ってきた。物質的な消費生活にしても、情報という理念的な消費生活にしても、かなりの部分で、仮想的な平等と均質化が実感されるようになってきた。つまりは、大量消費社会がやってきたわけだ。卓越化とは、こうした社会環境において、生じてきた表象システムなのである。

卓越化というのは、本来人間の想念が、ある特定の条件が整ったとき、ある特定の方向に起動しやすくなる、そんな差異化の表象メカニズムである。そして、それは二〇世紀初頭、マルクス主義的な意味における「階級」というものが、なかなか見えにくくなってきた状況下におかれたとき、「階級」という類概念にかわって、「個人」および「個人の趣味」という、これまた別種の類概念によって起動してきた、社会的差異化の表象システムだったのである。個人および個人の趣味というのは、「わたし」および「わたしの趣味」と言いかえてもよい。つまり、一九世紀にあった古典的階級闘争はすがたを変え、二〇世紀初頭、闘争の主体が「階級」という類概念から、「わたし」という類概念へと微分されていったのだ。これをまとめれば、卓越化とは、審美的判断をほとんど唯一の基準にした、階級闘争なき時代の階級闘争だといってよい。そして、そうした過程は、まさに一九二〇年代、大衆の時代とかさなったのである。大衆の時代、それは、大量消費社会に後押しされ、階級という「大いなる物語《グラン・レシ》」が見えにくくなり、わたしという「微分された散漫な物語」が立ちあがってきた時代でもあったからである。

一九二〇年代、ひとつの表象が起動してきた。モダンライフという新しい価値である。そしてそれは、きわめつけの卓越化の表象システムだった。

このモダンライフ、あるいは「モダンであること」とは、単に、「新しいできごと」として表象されてくるわけではなかった。それは、新しいできごとであると同時に、おそらくはそれ以上に、「優れたできごと」として表象されてくる。モダンとは、「新しく優れたできごと」として言いつのられてくるのである。そして、優れたできごととは、文化闘争において優位性を獲得するということと同義である。つまり、一九二〇年代、社会的あるいは経済的だけではなく、文化的にも下位グループとの差異化を図る階級闘争のただなかにおいて、モダンであることとは、すぐれて卓越化の係数として機能していたのだ。モダンさとは、当時、差異化の記号と化していたのである。

そうした、二〇世紀都市型住人の暮らしのスタイルとしての「モダンライフ」という表象の枠組みに、さらに、白い冷蔵庫という表象体系が、網掛けされてくるのである。決して、威圧的でも権威主義的でもなく、清潔で、優美で、やさしげで、そのうえ科学的で機能的な冷蔵庫。つまりは、どこからどこまでまっ白な電気冷蔵庫が、「モダンな主婦」と「モダンなわが家」にこそ、ふさわしい家電品とされて前景化してくる。ここで重要なのは、清潔で優美なという審美的特性である。それはひとことで言えば、威圧的ではなく、権威主義的でもなく、親愛なるさりげなさを体現した家電品ということであり、とどのつまりは、モダンな家電品ということである。

これは、とりたてて論ずるまでもない、ごく凡庸でささいなできごとのように思われる。しかし、そうではないのだ。なるほど、一見、なんの変哲もない細部のように思われるこの審美的特性こそ、大袈裟にいえば、一九二〇年代から三〇年代にかけて起動してきた、重要なイデオロギー表象装置なのである。

白い冷蔵庫は卓越化の記号である。と同時に、「それを選ぶわたし」というのも卓越化の記号になる。たとえば、「モダンなわたし」という物言いである。これは、暮らしのあらゆる分野に起こることだが、もちろん台所でも起こる。たとえば、冷気をめぐる覇権闘争でも、さまざまな装置があらわれる。まずは天然氷を使うタイプの冷蔵函、人工氷を使うタイプの冷蔵函、木目をした家具調の冷蔵函。そして、製氷装置を外付けするハイブリッド型冷蔵庫、琺瑯引きではあるが家具のように重厚な冷蔵函、さらには、完全ユニット型電気冷蔵庫、モニター・トップ型電気冷蔵庫などなど。それこそ、次から次へと新機種があらわれる。あるときは、保健局や製造企業の講習会を通じて、あるときは、雑誌の広告やセールスマンの販売攻勢によって、最新の冷蔵函や最新の電気冷蔵庫が紹介されるのである。そうしたとき、より新しい機種が審美的に優位なものとして表象されてくるわけだが、それと同時に、それを選びとる自分の行為自体が、モダンなできごととして受けとられる。つまり、モダンな冷蔵庫に対して、それを選びとる「モダンなわたし」という表象が起動してくる。そして、それが個人レベルにおける卓越化の論理だとしたら、それは、微視的な文化的階級闘争の表象的枠組みといえる。つまり、モダンなわたしも差異化の構造に絡めとられてゆくのである【図57】。

【図57】モダンライフの使徒電気冷蔵庫を囲むモダンガール。両者は「モダンさ」を媒介にして、たがいに文化的・社会的に等価な記号と化している。

こうした一切合切をひっくるめて、モダンであることの表象世界が、卓越化という差異化システムとして、白い電気冷蔵庫をすっぽりと包んでゆくのであった。はじまりは一九二〇年代、大衆の時代が到来したときである。

だからこそ、バレンタインデーの贈り物に喜んだ糟糠の妻に、「まるで鮮やかな陶器皿のよう」だと語りかけることが、重要なメッセージたりえたのである。なぜなら、冷蔵庫の表面がもつ「質感」、すなわち審美的価値が、真に重要なできごととして浮かびあがってきていたからである。一九二五年のことだ。

ボーン冷蔵庫社も、かつて、重厚な自社製品を「まるでピアノのよう」と呼んだ。しかし、その後継機種として、全身まっ白な「サイフォン冷蔵庫」を市場に送りだしたとき、次のように豪語していた。「オーナーの誇り《プライド》とでも言うしかない満ちたりた感覚です。実際に持ったことのない方には、お分かりいただけないものです」。このように、白く琺瑯加工された表面を評するにあたって、「誇り」と「満ちたりた感覚」をもちだしてきた。しかも、「実際に持ったことのない方」と、それを選びとった「わたし」との差異化をはかってみせた。多言は要しまい。これ以上ないほどあからさまな、「個人の審美的価値」をめぐる、文化的階級闘争である。言うまでもなく、これを選びとることができたひとびと、つまり「オーナー」だけが、「モダンなわたし」になれるのである。卓越化の典型例だ。一九二二年のことである。

愛の覗き穴をもうけた「アラスカ冷蔵庫」もそうである。「継ぎ目のない陶材と白色エナメル」でできている、おのれの「美しい」容姿と、その「端正な仕上がり」とを「実際に御覧になってください」。こういって誘いかけるのも、審美的価値こそ卓越化の要諦だと心に決めておればこそだ。無論、機能の高性能ぶりはいわずもがな、詳しく述べる。しかし、それ以上に強調してみせるのは、継ぎ目がなく、白い冷蔵庫の表面仕上げの審美的なすばらしさである。これを評価できる「あなたこそ」、モダンな趣味の持ち主です。なるほど、体言止め風に休止して、そこから先は明言こそしていない。しかし、ここにある語られざるメッセージがそうしたものであることは見やすい。一九二五年のことである。

モダンな冷蔵庫のすべては、まるで、白い表面で語りつくされようとしているかのようだ。それは、一九二〇年代に登場してきた「語り口」だった。今日に至るまで、つねに冷蔵庫はおのれの「表面」をことさら発信しつづけたのである。これは首尾一貫している。

冷蔵庫の白い表面、それは、苛烈な文化的階級闘争がくりひろげられるべき「表層」なのである。

白いイデオロギー

白い冷蔵庫はイデオロギーである。

このように、白い表層が文化的階級闘争であるならば、勝者も出れば敗者も出る。勝者はもちろん、「実際に持ったことのない方」には「お分かりいただけない」という「誇り」、「満ちたりた感覚」を得られる「わたし」だ。そのことによって、モダンライフを手にしたという自己意識を得られたひとびと。つまり、モダンさをめぐる審美的闘争に勝った「わたし」である。具体的には、比較的裕福な階層に属する社会集団である。なにせ一九二〇年代、冷蔵庫は高価なものだったからだ。それに対して、敗者とはもちろん、冷蔵庫を購入できないひとびと。手に入れられないことによって、モダンライフをわがものとしそこなった、という自己意識を持たされたひとびとのことだ。理由はさまざまだったろうが、大抵は、経済的事情からきたものだろう。いずれにせよ、台所に冷蔵庫を買い入れることができない社会集団である。

では、こうして審美的闘争において一敗地にまみれたひとびとは、どのように敗者の立場を受け入れたのだろうか。もはや審美的闘争に参加することをあきらめ、モダンライフという審美的基準をすてさったのであろうか。

おそらく、そうはならなかったろう。無論、なかにはそうしたひとびともいたかも知れない。しかし、あらかたの敗者は、それでもなお、なんらかの手立てでもって、おのれの敗北感を修復したり、なにか他の補完的手立てを講じたいと渇望したことだろう。なにせ、モダンライフというできごとは、卓越化の表象体系としてきわめて執拗に、くりかえし仕掛けられてきた。それは、微温的にみえながらも、じつは強靭なイデオロギー装置だったからである。そうした表象の枠組みから、強い意志と決意性をもって離脱するというのは、かなり困難なことだったはずである。大衆の時代、羊たちの暮らしとはそうしたものだ。誰もがみな、ソローやヒッピーになれるわけではないのである。

実際、そうした羊たちに、さまざまな救済策が提供された。『上手な家事』一九二六年九月号がこれを証ししている。「ご家庭のさまざまな用途に手軽に」と銘打たれた広告である【図58】。米国化学工業の最大手デュポン社の新製品を報じたものだ。今般市場に送り出された新製品の名前を「デュコ」という。高い速乾性を特徴とした高性能塗料である。もともと、自動車の塗装用にひろく用いられていたものので、ゼネラル・モーターズ研究社により開発されたものだ。それが家庭用塗料としてコンパクト化され、発売されたというわけである。

思いおこせばこの塗料、これより一ヶ月前、同誌が八月号で報じた冷蔵庫「フリジデア」の広告のなかに登場していた。「おもてなしに、新しい魅力を加えてあげてください」と銘打って、ホームパーティーだったろうか、華奢なドレスに身をつつんだ女性と、タキシードを着た洒落男が描かれていた、あの広告である。その折り、宣伝文はこう言っていた。「まったく新しい金属製キャビネットのフリジデアの美しさに、きっと、貴女はウキウキなさることでしょう」。なぜなら、「フリジデア・シリーズは、光沢のある、まっ白なデュコで仕上げられているからです」〔傍点筆者〕。

フリジデア冷蔵庫は、みずからに白い表面をまとった。白さを武器にして、モダンライフをめぐる卓越化のあらそいを勝ちぬくためである。そして、そこで採用したのが高性能塗料デュコだったわけだ。高性能塗料デュコ、それはいうまでもなく、白さをめぐる卓越化を仕掛ける小道具だったのである。さて、そんなデュコが今般、産業用の仕様をあらため、家庭用に仕立てなおされて、自動車工場の生産ラインを離れ羊たちの台所にやってきた。これは福音だった。誰にとってか。もちろ

【図58】新型塗料「デュコ」で木目調をした旧式の冷蔵函をまっ白に塗り替えましょう。白色神話とモダンライフ神話はたがいに親和性をもつ。

ん、白さをめぐる文化的階級闘争に敗れたひとびとにとってである。

高価な冷蔵庫を買えなかったひとびと、比較的低所得者層に帰属していた家庭、そうした家の台所には、しかしながら、旧来の冷蔵函はあった。しかも、琺瑯引きの加工をほどこした値の張るタイプではなく木製冷蔵函ではあったが、これなら大抵の家庭が使っていた。廉価だったからだ。なにせ、米国は氷消費大国である。琺瑯引きの冷蔵函には手が届かない。ましてや、まっ白な電気冷蔵庫など高嶺の花だ。そうしたひとびとにとって、白さの戦いに敗れた敗北感を修復する、残された手立てはたったひとつ。いま使っている木製冷蔵函の表面を、白く塗りかえることしかない。これである。

なるほど広告を見ると、さまざまな家庭での使用例がならんでいる。ベッドやサイドテーブルを塗りかえる。階段のステップや暖炉を塗りかえる。高性能塗料だけあって、なんにでも使える。もちろん、あらゆる色が揃っている。しかし図像学的にみると、もっとも重要なのは、図版のまんなかに他の使用例にも増して大きく描かれている主婦のすがたである。一目瞭然だ。新妻でもあろうか、ひとりの若い女性が座りこんで、丁寧に刷毛で塗っているのは、他ならぬ冷蔵函なのである。もちろん、どこからどこまでまっ白に塗っているのである。

この広告が示しているのは――わたしたちの関心にとってはただ一点――次のような表象の枠組みである。一九二〇年代、白さはモダンの係数だった。暮らしを白く彩《いろど》ることは、すぐれてモダンライフの表徴だった。これである。つまり、数多くある色彩のなかから、新妻みずから選びだしたのが「白色」だった。まさに、この選択意志こそ、白さをモダンの係数とする表象体系からくるものであるということだ。

だからこそ、電気冷蔵庫の白い表面は、文化的階級闘争の現場となったわけだった。そして、当然ながら、それに敗れるひとびとも出た。しかし、白い卓越化の網の目は手綱をゆるめてくれない。白さはモダン。こうした表象の枠組みが、どこまでも仕掛けられてくる。そこで、敗者のもとに送りとどけられたのが高性能塗料という救済策だった。「そうだ、これで塗ればいいんだわ」。思わずこれにすがりたくなる。そんなひとびとも少なくなかったろう。白さをモダンの係数とする卓越化というのは、なるほどあくなき表象体系である。

「救済策」と書いた。もちろんそれは、ことの一端でしかない。多分、みじめな思いをした羊たちにとってはーーひとにもよるだろうがーー救済策と映ったかもしれない。しかし、考えてみれば、これは慈善事業ではない。営利活動である。敗北感をどうにか埋め合わせしたいと渇望している社会集団が、目の前にいるのである。塗料会社にしてみれば、またとないビジネスチャンスである。だからこそ、家庭用デュコの販売にふみきったわけだ。

誤解しないでいただきたい。なにも企業倫理を問いただしたいわけではない。単に、社会科学の基礎理論として、表象文化論的に見きわめたいだけである。その立場からすると、ここにある構図は、まことに酷薄なものであると言わざるをえない。

ひとつの価値観が仕掛けられる。白さはモダンという価値観だ。勝者も出れば、もちろん敗者も出る。そのとき、敗者がもつ審美的敗北感をターゲットにして、それを修復する小道具が提供される。修復といえば聞こえはいいが、とどのつまりは、ふたたび白さはモダンという価値観が、敗者のもとを襲ってくるだけの話である。ある価値観を争いながら、その敗者にふたたび同じ価値観を仕掛ける。まるで敗者復活戦のようなものだ。もちろん、かつて破れた羊たちは、復活戦に参加することで、いかようにか溜飲をさげることもあっただろう。ひとりの個人としての思いは、そうあってよい。他人があれこれ口を挟む問題ではない。しかし、さはさりながら、見逃してはならないのは次の一点である。すなわち、敗者がいだく慰撫の思いとは別次元の問題として、「白さはモダン」という価値観は生きつづけるのである。しかも、敗者をもふたたび巻きこむことに成功したという経験で、この価値観はひとまわり大きくなって、生きつづけるのである。つまり、白さはモダンという価値を仕掛ける手法が、これまで以上に洗練され、手がこんだものとなってゆき、その射程距離が増大し、ひとびとの暮らしのすみずみにまで、ますます深く侵入してゆくということである【図59】。

こうした価値観、表象の枠組みというのは、ますます洗練された「語り口」でもって仕掛けられてゆくのだった。これまで、さまざまな白い冷蔵庫をめぐる「語り口」を追ってきた。じつは、そのいずれもが、こうした洗練された仕掛けの具体例だったのである。あるときは、滑らかですと言われ、触ってごらんなさいと誘われ、光り輝くでしょうと同意を求められる。あるときは、省力化ですと定義され、効率的ですと諭され、科学的に実証されていますと教えられる。またあるときは、白衣やら、寒気団やらイヌイットやらで、特定の方向にイメージを誘導され、あげくの果てに、オーナーの誇りですと誉められる。そして、とどのつまりは、これこそモダンなのですと断定される。その「語り口」は、決して、口角泡を飛ばして檄をとばしたりしない。あくまでもやさしく、共感をもち、穏やかで、微温的だ。それ自体、「親愛なるさりげなさ」をもった口調をとる。

しかし、そうした洗練された語り口にもかかわらず、そのメッセージ内容は、必ずしも洗練されてもおらず、やさしくもなければ、穏やかでもない。それは、どこまでも効率化であるとか、省力化であるとか、無駄を省くであるとか、障碍因子を排除するであるとか、要するに近代そのものが追求してきた、ある限定的な価値観に深くねざした世界でしかない。

ニーチェは『ツァラトゥストラかく語りき』(一八八三〜八四年)で喝破した。およそ「風」に、「良い風」も「悪い風」もない。そもそも、風は良くも悪くもない。ただ、そんな風が良くも悪くもなるのは、人間が「目標」を設定した瞬間からにすぎない。吹いてくる風が「良い」とされるのは、たとえば漁師にとって「追い風」のときだ。しかし、反対方向に進もうと思えば、同じ風も漁師にとっては「向かい風」になり、「悪い」ものとなる。要は、目標の設定次第なのである。

【図59】デュポン社製塗料「デュコ」の宣伝広告。「貴女の台所に太陽の輝きを」。マイホームを白く塗り替えましょう。白さはモダンという色彩の政治学は家中に広がる。

ニーチェの箴言にならうならば、この世の中に、およそ「無駄」あるいは「障碍因子」などというものは存在しない。それが「無駄」と目され「障碍因子」と断ぜられるのは、人間が「目標」を設定した瞬間からにすぎない。たとえば、目の前に「小石」があるとする。これは本来、無駄でも障碍因子でもなんでもない。

しかし、わたしがそちらの方向へ歩いて行こうとした瞬間、その小石は「邪魔」になるのである。邪魔とは障碍因子だ。それさえなければ、けつまずく危険もなくなり、よけて通る必要もなくなり、もっと効率よく歩いて行くことができるのだから、小石は無駄である。何にとっての障碍・無駄であるのか。もちろん、わたしがめざすべき「目標」に到達するという行為にとって、障碍になり無駄になるのである。そちらの方向へ歩こうとさえしなければ、小石は障碍でも無駄でもなくなる。

およそ近代というのは、目標を設定することを要諦とする。そして、設定した目標を「規範」とすることを実践的手立てとしてもつ。たまたまそこに到達できれば幸福だ。こうした目標ではない。規範とされるというのは、目指されうるし、また目指されねばならない目標とされるということだ。こうして一旦「規範」とされると、それに向かって到達できるよう「訓育」される。あとはその規範からの逸脱、規範からの偏差というものが、「制裁」の対象となり、「矯正」されるべきなにものかとなる。こうして一旦、矯正されるべきなにものかと判定されると、ふたたび訓育しなおされ、もういちど規範を目ざすように駆りたてられる。そして、この行程がはてしなく円環構造となって、くりかえされてゆくのである。これが近代のシステムだ。

なにも遠い世界の話ではない。わたしたち自身の話である。ミシェル・フーコー『監獄の誕生』（一九七五年）にならえばこうだ。近代的施設である「学校」や「工場」がその典型である。たとえば、学生は「単位」をとるように「規範」が設定されている。たまたま単位がとれれば幸福ですね。そうした目標ではない。それに向けて必死に勉強させられる。「訓育」されるのである。そして、そこから逸脱すると「制裁」が課せられる。「落第」である。しかし、ことはこれでは終わらない。「再履修」と称して、ふたたび訓育がほどこされ、もういちど単位を目ざすよう尻を叩かれる。規範からの逸脱が矯正されるのだ。そして、その行程が延々とくりかえされてゆくのである。これが近代の哲理だ。学校ばかりではない。わたしたちの暮らしのなかで、近代の哲理とはまったく違う原理でできているできごとを探すのは、じつは大変難しい。

効率化とか省力化とか、あるいはまた、無駄の排除とか障碍因子の排除とか、そうしたものは、いずれももっともらしく聞こえる言葉たちだ。しかし、それらは、近代社会が目標なるものを設定した瞬間から誕生し、知らぬ間に規範であるとされた言葉たちである。つまり、そもそもこの世には、最初から無駄であるものや、はなから障碍因子などというものは存在しないのだ。なんであれ、ある目標を立てた瞬間に、それが無駄にもなり、障碍因子にもなってしまうだけのことだ。そうであるならば、真に重要なのは、なにが無駄であり、なにが障碍因子なのかということを論ずることではない。そうではなくて、なにを目標としているのか、どのような目標を立てたのかをこそ論ずるべきなのである。なぜなら、目標の立て方いかんによっては、ある時点で無駄とされているものも、無駄ではなくなるかも知れないからだ。問われねばならないのは、なにが無駄であるかということではなく、それを指して無駄とした見立て方、つまり目標の立て方そのものの方である。要するに、近代がじつのところなにを目標としてきたのかということである。

しかも、近代はすでに、そうした問いが立てられる以前から、目標を追求する手立ても構築してしまっている。規範と訓育と制裁の社会システムだ。

冷蔵庫の白い神話も、近代のシステムでできている。まずは、「白さ」が規範として設定される。モダンライフを手に入れるために、到達しなければならない目標である。無論、科学的根拠があるとされる。しかし、大抵は専門的な話ばかりで、素人であるユーザーにはじつのところよく分からない。次に、この規範に向けて「訓育」される。広告やセールスマンの謳い文句で、「白さはモダン」というメッセージ内容を教えられ、「白さ」が審美的基準であることを理解するよう求められるのだ。そして、最後に「制裁」が課せられる。「敗北感」である。白さをめぐる卓越化の戦いに勝てばよし、負ければ敗北感が待っている。敗北感とは、白いモダンライフという規範を手にしそこなったときくだされる制裁のことである。しかし、もちろんここで終わらせてはくれない。敗者が解放されることはない。ふたたび、補完物あるいは廉価版と称して、あらたな製品が目の前にさしだされる。敗者復活戦だ。それを新たに使いこなすように、ふたたび「訓育」「矯正」され、もういちど「白いモダン」という「規範」に到達するよう駆りたてられる。そして、こうした行程がどこまでも果てしなくつづいてゆくのである。学生の場合であれば、この行程がくりかえされるのは、たかだか卒業するまでのことでしかない。しかし、一旦社会に出れば、この行程は死ぬまでつづいてゆくのである。モダンライフの使徒としての「白さ」をめぐる表象世界が、近代の哲理に深く根ざしているというのは、この構図をいうのである。

なるほど、わたしたちの暮らしは、「白い神話」を筆頭に、こうした近代の表象システムにがんじがらめになっている。そこから脱出する方途を見つけるのはなかなか困難だ。しかし、少なくとも、自分たちがそうした表象システムに絡めとられている、ということだけは知っておきたい。それが、ある限定された価値観のもと仕掛けられてきた神話にすぎないことだけは、見きわめたい。神話を神話として見抜きたいのだ。なぜなら、それが神話であることを知らずに神話のなかで生かされるのと、神話であることを知った上で、それでもなお、その神話のなかで生きてゆくことを選択するのとでは、雲泥の違いがあるからだ。仮に、神話が「嘘」でできていたとすれば、神話の正体を知っていなければ、嘘を真実と思いこんだまま生きてゆくことになるかもしれない。なるほど、嘘の外部へ、つまり近代の外部へ脱出するのは困難である。しかし、仮にそうだとしても、その正体が嘘と知ったうえであれば、嘘を嘘として、うまくあしらうこともできるし、却って、それを逆手にとることもできるかもしれない。

嘘といったら言い過ぎであろう。限定的な価値観と言いかえよう。しかも、分かったようで、じつはよく分からない価値観。つまりは不可知論からできている価値観。こういったらよかろう。みずからが限定的かつ不可知論的な価値観にすぎぬことを明かさぬまま、社会に仕掛けられる、そんな価値観のことをイデオロギーという。結論を言おう。白さはイデオロギーである。冷蔵庫の表面をめぐる「白い神話」、それは、近代の哲理を宿した限定的な表象システムであり、しかも、ユーザーからすればブラックボックスでしかない科学的根拠で武装した、不可知論的な表象システムに他ならない。つまりは、イデオロギー装置に他ならないのである。そうしたイデオロギー装置が、親愛なるさりげなさを装った語り口で、どこまでもつづく円環構造をなして、くりかえしわたしたちを呑みこんでゆく。そして、わたしたちは、いまだにそのイデオロギー装置から脱出することができないでいる。モダンライフ神話は、いまもつづいているのである。

残念ながらそうであるとするならば、理屈はさておき、生きる手立てとしては、わたしたちに残された道はふたつしかないことになる。ひとつは、そうした神話の正体をそれと見抜かずして、それに引きずられて、じぶんを一体化させてゆくか。もうひとつは、そうした神話の正体を神話として見抜き、なおかつ、その神話の内部で生きてゆくか。これである。卑近なたとえで言うならば、恋人がいたとして、恋人の嘘を、嘘と知らずに真に受けるか。あるいは、嘘と知ったうえで、なお、恋人のその嘘につきあうか。このいずれかしかないのと同じである。無論、恋人と別れられないとすればという条件付きだが。

嘘といったら響きが悪いのだった。作り話と言いかえても良い。とどのつまり、モダンライフの神話と無縁なモダンライフの真実などありえない。そうであってみれば、神話と知らずにそれと合一化してゆくか、神話を神話と知りつつ、逆にそれを手玉にとって、その神話を生き抜いてゆくか。目の前にある道はこのふたつだけである。

第七章　美しき罪——イデオロギーの作法

アカルイ未来

白い階級闘争はつづく。一九三〇年代も事情は変わらない。

フリジデアの「改良型冷蔵庫」は、先に見たように、中国の陶芸職人を引きあいにだしつつ、表面を愛でることに終始していた。「はじけるようにまっ白」で、「硬質ガラスのように丈夫」で、「どこまでも美しいのです」。「その仕上げひとつ見ただけでも」、あらゆる点で「標準をはるかに越えた品質」だと分かるのです。「どこからどこまでもまっ白な琺瑯鋼板製の冷蔵庫」なのです。このように、表層に対する注意を喚起しつづけるのだった。

ここでは「仕上げ」が、あらゆる優秀さの唯一の表徴として称揚されている。つまり、「規範」とされているのである。無論、「どこからどこまでもまっ白」な表面だ。そこから発信されるメッセージは明白だ。こんなに優美で上品な冷蔵庫を買わないなんて、あなたの趣味が疑われますよ。これである。つまり、この規範に到達するように、「訓育」がはじまっている。しかも、もっぱら審美的価値を標的とさだめて、訓育がなされてゆくのである。しかし、もちろん、あからさまには口にしない。どこまでも隠然たるメッセージにとどめる。学校の教師のように口やかましくはないのだ。どこまでも共感をこめて、控えめに語りかけるのである。まるで同志でもあるかのように。確かに、同志といえばそう言えなくもない。モダンライフをめざす文化的階級闘争をともに戦う、「台所の戦士」だからである。しかし控えめであっても、伝わるものは伝わる。洗練された語り口である。一九三一年のことだ。

そして、とうとう冷蔵庫の表面を指でなぞる主婦までもが登場したのだった。「雪のようにまっ白なフリジデア冷蔵庫の表面であった。「手をあててごらんなさい。滑らかで、継ぎ目がなくて、雪のようにまっ白な表面でしょう」。こう言ってテキストが誘うのも、表面の白さとその滑らかな質感が、モダンの表徴であることを知悉しておればこそだ。そして、モダンであることが、単に「新しい」だけではなく、「優れている」ことを含意することを直観しているからだ。白い表面を指でなぞって、その質感を体感するように誘う。誘導するのだ。まさに、この誘導こそ「訓育」に他ならない。指でなぞる、なるほどそれは、ささいで微温的な日常的身ぶりにすぎない。しかし、じつは、「モダンなわたし」の「良い審美的価値観」を介した、酷薄な文化的階級闘争を戦いぬくために必要な「訓育」の身ぶりに他ならない。一九三四年のことだ。

一九三〇年代に入っても、冷蔵庫の白い神話がすぐれて卓越化の表象体系でありつづけた。そして、それは、ますます洗練され昂進してゆくのだった。もはや、冷蔵庫の白い表面が、そのままで「モダン」の表徴となりおおせていることを隠蔽するものは、なにもないかのようだ。

『上手な家事』一九三八年一一月号も、卓越化の表象システムが昂進してゆくさまを証ししている。「このモダンな台所では時が一人歩きする」と銘打たれたテキストだ。往時、さらなる新機軸として登場したシステムキッチンの広告である。

あいかわらず冒頭が、モダンな主婦の存在論を「規範」として提示するところからはじまっている。「ご主人のオフィスが効率的なように、奥さん《ワイフ》の台所も効率的であるべきです。そこは、奥さんの仕事場なのですから」［傍点筆者］。このように語りだすのだ。「あるべき」という物言いは、なんであれ規範を定言命題風に提示するときの常套句である。もちろん、システムキッチンのもつ効率性や省力性といった実利は伝える。しかし同時に、そうした実用価値を越えた審美的価値を前面に押しだすことも怠らない。曰く、こんな台所をもつのは、「なんと楽しく誇らしいことでしょう！」。このように言うのだ。では、楽しいとも、誇らしいともいわれるその審美的価値というのは、いったい、どこからくるというのだろうか。テキストはすかさずそれを指摘してくれる。「素敵な作業テーブルをご覧ください」、「それに明るく輝く冷蔵庫を」［傍点筆者］。この白い冷蔵庫が明るく輝くのは、「琺瑯引きをした鋳塊《インゴット》鉄――繊細な琺瑯製品工場で使われている母材」だからなのです。このようにたたみかけるのである。

もちろん、琺瑯引きの白い表面についてその実利も説かれる。「石鹸と水だけで、簡単に掃除ができます」。それは大切なことだ。しかし、そうした実利にも負けず劣らず重要なことは、この冷蔵庫が「明るく」「輝いて」いることである。それこそが、楽しくもしてくれ、誇らしくもしてくれるものなのですと言いつのられるのである。

ここで言いつのられる、明るく輝く冷蔵庫の白い表面というのは、もはやここでは、「琺瑯引き」という単なる技術的現象であること以上のなにものかになっていることは明白だ。白い神話の記号と化しているのである。そして、そこから発信される白い神話というのは、これまで見てきたさまざまな表象の網の目でもって構成されている。同じ白い表面といっても、もはや近世以来の陶磁器のそれとは、そもそも存在論が違っている。ここにある存在論とは、これまで見てきた「白い神話」のすべてを抱えこんだものである。近代的衛生学や、学問的権威や、ステレオタイプ化した寒冷現象イメージや、白衣の表象や、寒気団にも比せられる製氷能力のたかさなどなど。「白い清潔さ」神話と「白い科学」神話の表象内容が、すべて含まれてはじめて成立するモダンなイメージとして、冷蔵庫の白い表面はそこにある。

つまり、ここに起動してきている事態というのは、ひとことでいえば次のようなものだ。すなわち、これまで見てきた「白い科学」と「白い清潔さ」という表象の系譜が、ここにきて、明確に「モダン」という卓越化の表象の網の目に有機的に絡みつき、一体化しているという事態である。一九三〇年代のことだ。

一九四〇年代になっても同じことである。『すてきな住まいと庭園《ベター・ホームズ・アンド・ガーデンズ》』一九四一年六月号がこれを証ししている。「死んだ台所を生きかえらせる」と題された記事だ。

物語形式で、ことの次第が語られてゆく。「ペンシルバニア州の僻村」から、「ニューヨーク世界博覧会」を訪れたのを機に、「トーマス・A・オウエン家の台所」がさまがわりしたというのだ。博覧会場に、ところ狭しとならべられた最先端技術に触れ、時代の思潮を再認識したという設定である。それまでオウエン家の台所は、まるで西部開拓時代を思わせるような「古くてわびしい」ものだった【図60】。ところが、「世界博覧会にでかけ」、家族は、「考えをすっかり流線形化《ストリームラインド》して家にもどってきました」。そこで、さっそく「台所の改修」にのりだすことにしたのだという。食料庫の壁をとりはらい、「なにもかも作りかえました」。その結果、「すべて」が「こざっぱり」として、「省力化」する、「ひとつの効率的なユニットに仕上がりました」。「超現代的な台所《ウルトラ・モダン》」に生まれ変わったのです**【図61】**。そんな「**光り輝く台所**」［強調原文］のまんなかに置かれたのが、「新しいレンジ」と「食器洗い機」と、そして言うまでもなく「まっ白な電気冷蔵庫」だったのです。これが記事の概容である。

台所が「光り輝く」。記事もそれをゴシック体で強調している。この記事の重要なポイントであることは間違いない。そして、光り輝くのは、いうまでもなく家電品の表面。台所ユニットの白い表面である。くりかえすまでもなく、この記事における「光る輝き」というのは、二重構造でできている。まずは、物質としての表面素材が光り輝いている。即物的な光輝である。もちろん、それは琺瑯加工や、琺瑯引きをした鋳塊鉄といった物質にそなわっている物理特性だ。しかし、物理特性は記事の途中で物理特性であることを止め、理念的なできごとに変わっている。理念的な光輝になっているのだ。では、理念的な光輝とはどういうものかといえば、それは、他ならぬ「明るい未来」という光輝だ。光り輝く未来ということである。それは、記事そのものが、ユニット化した台所を称して、「超現代的」と定義づけていることからも明白だ。

【図60】オウエン家の古い台所風景。改装する以前の台所は19世紀の遺物。効率性・合理性・省力化という概念とは無縁な空間であった。白いモダンライフ神話により断罪されてゆく。

つまり、ここでは物理的白さが、未来志向を表徴する理念的白さへと読みかえられている。冷蔵庫の白さが、未来という時間概念で語られはじめているのである。二〇世紀くりかえし登場してくる、科学神話に典型的な語り口だ。

もちろん、未来を明るいものと想定してみせるのは、ヘーゲルの歴史哲学以来、近代の基本的図式だ。それ以降、なにごとにつけ世のできごとを見るとき、右肩あがりの時間軸で、すべてが語られるようになってきた。「新しさ」が、きわめて高い肯定的価値をもつものとされるのも、そもそも、こうした進歩史観があったればこそだ。古いものより、新しいものの方が良いに決まっている。なぜなら、新しいものは、古いものが「進化」したものだからだ。こうした見立てである。だから、新しいものは、単に新しいだけではなく、同時に「優れている」とされるようになったのだ。まさに、「モダンである」こともまた、こうした表象の枠組みがあったればこそ、新しくもあり優れてもいるとされたのである。

【図61】オウエン家の新しい台所風景。改造後の台所は「超現代的」な空間に一変した。基調はすべて白色からなる色彩の政治学である。白いモダンライフ神話の哲理に貫かれた空間。

したがって、過去から現在、現在から未来へ、つねに歴史や文化が進歩してゆくものならば、未来というのは必然的に、さらに新しく、さらに優れたものであるはずだ。つまり、明るいものであるはずだ。未来を語るのに、つねに右肩あがりで語ってみせる。こうした科学神話の語り口も、すぐれて近代主義の作法を踏襲しているのである。

流線形シンドローム

じつは、この広告において、これまでになかったある重要なできごとが起こっている。表象体系の接合現象である。

そもそも、ひとつの表象体系は、ときとして、別の表象体系と接合することがある。ましてや、それらが、「モダンライフ」という共通の卓越化の表象システム内部に、帰属するもの同士であるときには、ほとんどなんの支障もなく接合することになる。だから、それはいつの時代でも起こりうることだ。そして、それがここでも起こっているのである。ただし、ここで起こっている接合現象は、まさに、一九三〇年代後半から四〇年代にかけての時期にしか起こりえなかった種類のそれであった。それは、いったいなにであるのだろうか。それは、「流線形シンドローム」との接合現象である。

ところで流線形シンドロームとはなにか。それは病理である。簡単にまとめればこうだ。本来、「流線形《ストリームライン》」というのは、一九世紀末に誕生した「物理学用語」であった。空気抵抗を考慮に入れ、空気力学的な障碍因子を制御したり排除する。そうすることによって、スピードを上げたり燃費を良くする。これが当初、流線形がもっていた意味や機能だった。しかし、これが二〇世紀初頭、工業デザインなどを介して設計に応用され、自動車や飛行機というかたちをとって、ひろく社会に進出してゆく。すると、それに応じて、さまざまな新しい意味を獲得してゆくことになるのである。たとえば、流線形が排除するものは、本来、「空気力学的な障碍因子」でしかなかった。しかし、いつしか、排除されるべきものが、単に空気力学的な障碍因子であることを止め、およそ「障碍因子一般」と読みかえられてゆき、およそ「無駄なもの全般」と説かれるようになっていった。本来物理学用語だったものが、「流線形化《ストリームライニング》する」というように比喩表現としてもちいられてゆくにつれ、物理学の文脈から引きはがされ、まったく別の文脈に移しかえられていったのである。

これは、さまざまな分野で起こったことだった。とりわけ一九三〇年代になると、「優生学」との融合傾向が顕著になってゆく。自然界にある流線形は、進化論的あるいは優生学的な「優秀さ」の記号と読みかえてられていったのだ。そして、この発想は必然的に、人間の身体や精神をもまきこむことになる。進化した「優秀な身体」や「優秀な人種」と、進化が足りない「優秀でない身体」や「優秀でない人種」とを、分けへだてるようになるのだ。その結果、はなはだしい場合になると、次のような事態が発生した。重度の身体障がい者やユダヤ人などを社会から排除する。こうした手立てをさして、「社会を流線形化する」と呼んだりもしたのである。なぜなら、極端な社会衛生学や排外的国家主義の立場からすれば、重度の身体障がい者やユダヤ人たちは、優生学的に見て「優秀」ではないので、社会が円滑に機能するためには「障碍因子」ないし「無駄」でしかないからだ。したがって、ユダヤ人や障がい者、労働忌避者や重度のアルコール依存症患者をガス室に送りこむことは、彼らにとっては、社会から社会的障碍因子を排除する手立てであり、社会を流線形化する行為に他ならないのだった。

これらはいずれも、極端な社会病理現象であった。しかし、見かけは穏やかだが、同じ表象の枠組みからくるできごとは、さまざまな分野で起こっていたし、いまでも起こっている。たとえば、フィットネスの分野だ。米国の斯界では一九三〇年代、ぜい肉を落とすことを「ボディーを流線形化する」と言った。なにも、めりはりの効いたスリーサイズがもつ、流れるようなボディーラインをさすのではない。体内からぜい肉を排除して、規範的な理想のボディーラインにもってゆく手立てのことをさすのである。なぜなら、規範としての「理想の体型」や「健康美あふれる身体」にとって、ぜい肉は「障碍因子」であり「無駄」でしかないからだ。健康美神話の常套句である。そして、この表現は現在もさかんに使われている。これだけではない。オフィス作業や組織体についても同断である。無駄な会議を排除し、意志決定機関をスリム化したり、組織改編をおこない無駄な部署を排除することを、「オフィス作業を流線形化する」とか、「組織を流線形化する」と称したのである。効率化神話の常套句だ。一九三〇年代のことである。そして、これも今日まで通用する表現である。なにも、過ぎ去った古い歴史物語ではないのだ【図62】。

こうして、流線形という言葉をめぐり、比喩表現として使われるのを直接のきっかけにして、二〇

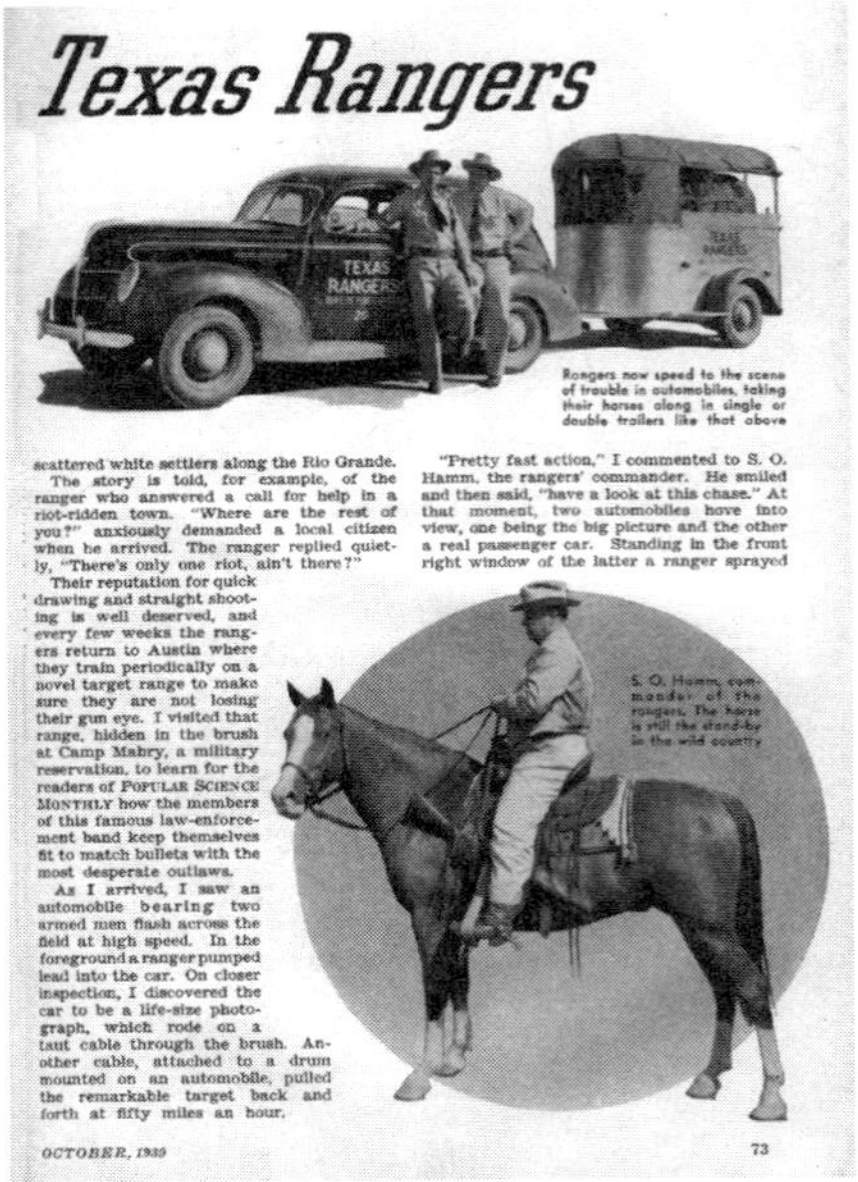

Texas Rangers

Rangers now speed to the scene of trouble in automobiles, taking their horses along in single or double trailers like that above

scattered white settlers along the Rio Grande.

The story is told, for example, of the ranger who answered a call for help in a riot-ridden town. "Where are the rest of you?" anxiously demanded a local citizen when he arrived. The ranger replied quietly, "There's only one riot, ain't there?"

Their reputation for quick drawing and straight shooting is well deserved, and every few weeks the rangers return to Austin where they train periodically on a novel target range to make sure they are not losing their gun eye. I visited that range, hidden in the brush at Camp Mabry, a military reservation, to learn for the readers of POPULAR SCIENCE MONTHLY how the members of this famous law-enforcement band keep themselves fit to match bullets with the most desperate outlaws.

As I arrived, I saw an automobile bearing two armed men flash across the field at high speed. In the foreground a ranger pumped lead into the car. On closer inspection, I discovered the car to be a life-size photograph, which rode on a taut cable through the brush. Another cable, attached to a drum mounted on an automobile, pulled the remarkable target back and forth at fifty miles an hour.

"Pretty fast action," I commented to S. O. Hamm, the rangers' commander. He smiled and then said, "have a look at this chase." At that moment, two automobiles hove into view, one being the big picture and the other a real passenger car. Standing in the front right window of the latter a ranger sprayed

S. O. Hamm, commander of the rangers. The horse is still the stand-by in the wild country

OCTOBER, 1939 73

【図62】科学雑誌の特集記事「テキサス州警察を流線形化する」の誌面。無線機・指紋照合システム・パトカー・飛行機を導入し警察組織の効率化を図る手だての謂。流線形シンドロームに典型的な語り口だ。

世紀を通じて、さまざまな分野で、さまざまな流線形表象体系が起動してきた。それら新しい意味を獲得した「流線形の世界」の哲理はただひとつ、ひとり「空気力学的な障碍因子」に限らず、「障碍因子一般」をすべて排除し、およそ「無駄なもの全般」を排除することである。しかし、こうした手立てはときに、はなはだしくひとびとを傷つける。ときに、いつのまにか設定された規範が、たちの悪い神話だったり、ときに、くりかえしひとびとを訓育し駆りたててゆくその方途が、暴力的であったり、うむをいわせぬものであったりする。こうしたできごとの一切合切をさして、筆者は二〇世紀の病理ととらえ、流線形症候群《シンドローム》と呼ぶのである。これについては、拙著『流線形シンドローム』（紀伊國屋書店　二〇〇五年）で詳しく論じたので、これ以上は深追いしないでおこう。

　さて、オウエン家の台所である。ここでは、ふたつの表象体系が共鳴しあっている。ひとつは「白い神話」であり、もうひとつは「流線形シンドローム」である。このふたつの表象体系が、たがいになんの齟齬もきたさずに、みごとなまでに融合しているのである。記事のなかにも新しい概念が使われている。「流線形化する」という言いまわしである。それは、それまでの古くてわびしい台所に甘んじていた、自分たちの考えをあらためることを意味する。さらには、世界博覧会に触発され、最新のデザイン思想を反映して改造し、最先端の台所器具や家電品を導入しなくてはならないと思い至ったこと。つまりは、これまであった障碍因子すべてを一掃して、あらゆる無駄を排除することが重要だと決心したことを示唆する。こうしたことどもすべてを評して、「考えをすっかり流線形化」したと言っているのである。

　くだくだしく述べるまでもないだろう。この広告において、これまでになかった事態が起きている。

それは、白物家電の「白い神話」と、効率化を偏重する科学神話「流線形シンドローム」とが流れこみ、たがいになんの矛盾もなく共鳴しあっているという事態である。ここから分かるのは次のような表象メカニズムである。モダンライフをめぐる神話的表象体系「白い神話」は、決して、それ自体自己完結して、単独孤絶に存在しているのではない。それは、他の表象体系や神話とも、融通無碍に融合し、共鳴し、環流しあうことができる神話なのである。白い神話、それは多孔的な構造からできているのだ。

白い神話と流線形シンドロームの混淆は進んでゆく。

こうした事情を、『上手な家事』一九三三年九月号が証ししている。「流し台にとって良いこと、それはガスレンジにも、テーブルにも良いことなのです！」と銘打たれた、インターナショナル・ニッケル社の最新「流し台《シンク》」の広告である【図63】。

まず、技術的ポイントが語られる。「科学的に設計された台所」です。素材は、「ニッケル三分の二、銅三分の一の合金」である「モネール金属」。決して「錆びません」。「ヒビも入りません」。「強さを自慢する鋼鉄でも」、モネール金属ほど「ながもちしません」。「キャビネットもレンジも作業台も、すべて一枚の金属板でつながった」一体成形なので、どこにも「継ぎ目などありません」。こう言うのだ。審美的価値を強調するのも忘れない。「滑らかな銀色の表面を想像してください」。なるほど、「モネール金属のガスキッチンのキラキラ輝くきらめき」など、「花嫁の熱い満足感にはかないません」。でも、「いかに美しいかお分かりでしょう」。このように言うのだ。科学的な背景をもち、実用価値も高く、そしてなにより審美的価値にあふれている。すべて揃っている。これまで見てきた、白い神話の表象世界はすべて引き継がれているのである。

ここまでであれば、以前の語り口となんら変わらない。しかし、問題はここからである。このように、これまでと同じように白い神話を語ったあと、最後にひとこと総括してみせるのである。曰く、新型流し台が「貴女の台所」を美しく、みごとに「改善」してくれる。それもこれも、ひとえにこれが、

【図63】台所を効率化する手だても「台所の流線形化」に他ならない。「まぶしい白さ」も流線形化されたモダンキッチンに欠かせない重要なできごとだ。

モネール金属の流線形モデルだからなのです「傍点筆者」。

はっきりと名指されている。継ぎ目がなく滑らかで、キラキラ輝くきらめきをもち、花嫁の満足感にも比せられるべき勝利感を与えてくれる素材でできた、最新型の流し台。その最新型モデルを称して「流線形」と呼ぶ。白い神話の表象体系と、流線形シンドロームの表象体系とが、みごとに融合させられているのである。これはもはや、単なる比喩表現などではない。まさに素材成形と工業デザインという即物的できごととして、流線形と評されているのだ。かたちが流線形だというのである。そして、同時にそれは、そのかたちが表象

するあらゆる「モダンさ」の記号として、やはり流線形だと称されているのである。つまりここで、白い神話と流線形神話とは、単に比喩表現として接合しているのではなく、その表象内容、ならびにそれをなりたたせている思想内容が共通したものであるという意味で、有機的に融合してしまっているのである。

等価な表層

さて、ここでは、もうひとつ注意すべきことが起こっている。じつは、この広告が喧伝しているのは、白い冷蔵庫ではなく、銀色に輝く金属製流し台である。琺瑯仕上げの冷蔵庫ではない、モネール金属製の流し台が語られているのだ。それは確認しなければならない。

では、ここで語られている表象世界というのは、白い冷蔵庫とまったく別で無縁のものなのだろうか。もちろん、そうではない。同じものなのである。正確にいえば、モネール金属を神話的に成立させている表象の枠組みは、じつはそのまま、白い冷蔵庫を神話的になりたたせてきた表象の枠組みと、その基盤においてまったく同一のものなのである。つまり、この広告の内部において、金属製流し台の光り輝く金属表面と、冷蔵庫の白くまぶしい琺瑯加工された表面とは、まったく等価な記号たりえているのである。このふたつの「表面」は、決してたがいを排除しあわない。排除するどころか、むしろ強く共鳴しあうのである。その実用価値においても、そしてなにより、その審美的価値においても、たがいに共鳴しあい、有機的に溶けあい、ひとつの総合的な表象世界を作りあげているのである。もちろん、新しくて、優れた、明るいモダンという世界である。

テキストもこの共鳴関係を直観している。曰く、流し台がひとり孤絶しているわけではない。ガスレンジや整理戸棚、電気調理台など、まわりにあるすべての台所用品と、つながりあい、連動しあい、共鳴しあう。もちろん電気冷蔵庫もそこにある。欠かすことのできない存在だ。そして、いうまでもなく――添えられた写真からも分かるように――すべてそれらは、どこからどこまでまっ白な表層でできている。つまりは、白い台所という総合的空間表象が、この新型流し台に所与としてあたえられた条件である。このことをテキストは直観している。だからこそ、次のように念を押すのだ。曰く、モネール金属を完璧に「清潔」に保ちさえすれば、

台所のすてきな雰囲気と調和するのです［傍点筆者］。

「調和」ということで、すべてが了解されるだろう。くだくだしく述べるまでもない。冷蔵庫の白い表面と、モネール金属の光り輝く表面とは、決してたがいを排除しあうことがない。みごとに共鳴しあう。共鳴しあうことによって、まったく違った素材でできてはいるものの、同一の表象空間を形成することが可能になる。すなわちモダンな台所という表象空間だ。「白い表層」と「輝く表層」、それはモダンライフを表徴する記号として等価なのである。

「白い表層」と「輝く表層」とは等価である。この定式を、さらに明確に自己認識している表象世界がある。『上手な家事』一九三一年一月号に掲載された広告だ。「台所の美しさ……洗濯の効率性。モネール金属なら、その両方が手に入ります」と銘打たれたテキストである。もっぱら「モネール金属」

のあらゆる特性を喧伝することに終始している【図64】。

書き出しは、金属の物理特性を説きおこすことからはじめている。「モネール金属はニッケルを六七％含んでいる」、「堅牢なニッケル合金」なのです。ニッケルは「もっともモダンな金属」です。「鋼鉄と合金にすると、ステンレス鋼ができ」、「銅と亜鉛と合金にすると、ニッケルシルバーができ」ます。そんなニッケルと、「銅を組み合わせたのがモネール金属なのです」。ですから、どんなに使っても「決して錆びません」。「腐食に強いのです」。「鋼鉄」に似た「耐久力」をもつ素材だからです。こう解説するのである。

そして、すかさず審美的価値を謳いあげてゆく。曰く、モネール金属は、「混じりけのない銀色の美しさをきらめかせ、貴女の台所に輝きをあたえてくれます」。ニッケル合金だから「格好良い」のです。「いつまでも美しさを失いません」。「輝くモネール金属こそ」、「モダンな素材として最適」です。このように、たたみかけるのだ。混じりけのない銀色、きらめく美しさ、いつまでも失われない美しさ、その格好良さ——いずれもモネール金属がもつ物理特性からくる、審美的できごとである。すべて揃っている。しかも、そうした特性は「ニッケル合金」だからこそ可能になったのです。こう解説してみせる。

【図64】ステンレス流し台・ニッケル合金のシンク。光り輝く金属もまたモダンライフの記号として、琺瑯加工の白い表層の質感と表象的親和性をもっていた。

しかし、言うまでもなく、ここでニッケル合金は、もはや純正な物理現象ではなくなっている。ひとつの記号になっているのだ。なにの記号になっているのかといえば、もちろん、モダンさの記号になっているのである。テキスト自体も告白している。あろうことか、たかが金属ごときをつかまえて、「もっともモダンな金属」と呼んでいる。そもそも物理現象としての金属にモダンもなにもない。モダンかモダンでないかというのは、物理現象そのものがもつ特性ではなく、その物理現象を見て、人間がそこから受けとる印象なり、そこに読みこむ表象イメージでしかない。それは、教室の窓の外にひろがる青空そのものに陽気も陰気もなく、風そのものに良いも悪いもないのと同じことだ。ただあるのは、それを見て、人間が受信する記号内容だけである。

要するに、ここで起こっているのは次のような事態だ。すなわち、ニッケルそのものがモダンであることが報告されているのではない。そうではなくて、ニッケルを見て、それをモダンであると考える価値の枠組みが表明されているだけのことだ。では、そうした価値の枠組みの正体はなにかといえば、言うまでもなく、「新しく、優れた、明るいモダン」という神話。清潔で、美しく、こざっぱりとしており、無駄をなくして、効率的な「わたしの暮らし」という「モダンライフの神話」。これである。テキストも勧誘している。曰く、「美しさと効率性……このふたつのモダンな使用人を貴女の家に入れ、生涯働かせてください！」［傍点筆者］。印象的な物言いである。素材としてのニッケルが、その物理的特性を介して、こうした暮らしに寄与できる限りにおいて、モダンであると認定されているのだ。

こうした認定がくだされておればこそ、それら一切合切をまとめて、テキストは次のように宣言するのである。「モネール金属、それは未来のようにモダン」。なんとも自信に満ちた定言命題である。もちろん、ここでのモダンというのは、未来という時間係数によって想念されている。つまりは、古くてわびしい過去から、新しく優れた未来へ。そんな明るい未来を開示してくれる暮らしのありよう。こうした構図が示されている。それは、進化あるいは進歩という概念装置で、時間軸を右肩上がりにとらえる表象の枠組みから来るものだ。つまりは、きわめつけの近代主義である。

そして、テキストは最後に指摘してみせる。この金属がモダンな使用人たりうるのは、ニッケルがもつ物理特性が生んだ、ある特定の「効果」があったればこそだというのだ。「ニッケル固有の特製を加えることで」、高められたその効果とは、他ならぬ次のものだというのである。曰く、

それは美白効果《ホワイトニング》、光沢効果《ブライトニング》、強化効果《ストレングスニング》なのです。

こう述べられているのである。光沢効果と強化効果なるものは、宣伝文にもあるように、その通りなのだろう。わたしたちの関心にとって見逃せないのはただひとつ——「美白効果」。これである。多言は要しまい。テキスト自身が明言しているのである。すなわち、輝く表層と白い表層とは等価であると。

これ以降も、つぎつぎと「表面」を強調する新機軸たちがあらわれる。たとえば、硬質プラスチック素材であるとか、ステンレス鋼であるとか、アルミニウム素材や硬化ガラス素材などがそれだ。いずれも、琺瑯とはまるで違う素材たちである。しかし、それぞれの物理特性は違うものの、こと「明るくモダンな台所」という表象世界を表徴する記号としては、共通した発信機能をもったものたちである。その意味で、これら新素材たちも、電気冷蔵庫に代表される白物家電と共鳴しあって、二〇世紀を通じ、

モダンライフの白い神話をかたちづくってゆくのである。

もちろん、さはさりながら、琺瑯やプラスチックの白い表層が発信する神話と、キラキラ輝くステンレス鋼の表層が発信する神話と、完全に同一で寸分違わないなどということはない。金属の表層がもつ光輝には、非金属の表層がもつ白さとは違った、それ独自の表象世界が宿っている。それについてはまた機会をあらため論及することにしよう。それはさておき。

「白い神話」と「光る神話」とが、流線形神話を背景として有機的に融合している。この広告で刮目すべきできごとはこうした事態である。

ドリームズ・カム・トゥルー

白い冷蔵庫は、流線形シンドロームにますます感染してゆく。

『ポピュラー・メカニクス』一九三九年一一月号が報じている。「オール電化のまるごと台所ユニット」と題された科学記事だ。今般、台所に必要なものが「すべて揃っているユニット」が登場したというのである。「流し台」に「電気コンロ」、「オーブン」に「キャビネット」、「包丁などを入れる引き出し」まで、すべて木製の大型フレームに収まっているという。もちろん「電気冷蔵庫」も入っている。使わないときは「蓋を閉じれば」、すべての備品はすっかり見えなくなり「流線形サイドボードに変身する」［傍点筆者］。取っ手もグリップもないので、「滑らかなシルエット」を「邪魔するもの」はない。蓋を開けるときは、「押しボタンを押す」だけでよい。蓋を開けると、「中の照明ランプ」が「自動的に点灯」する。蓋を閉じると「スイッチが自動的に切れ」、「コンロへの電流が遮断される」ようになっている。このように述べるのである。

ここにある流線形神話は、二重構造になっている。ひとつは形態的なそれであり、もうひとつは機能的なそれである。グリップなどの付属品も、フレームから突起しないように内蔵式になっている。だから、表面に凸凹ができず「滑らかなシルエット」となる。形態的な流線形だ。そればかりではない。すべてが効率よく、省力化できるように工夫されている。たとえば、照明ランプは自動点灯式なので、蓋を開けるだけでスイッチが入る。つまり、スイッチを入れるという一手間が省けるのである。明かりを切る手間も不要だ。蓋を閉じるだけでよいのだ。つまりは、スイッチを入れたり切ったりするという手間が、調理をするという一連の行為から排除される。なぜなら、効率よく調理するという規範にとって、それは障碍因子でしかなく、無駄でしかないからだ。そうした無駄を排除する仕掛け、それはすなわち、機能的な流線形である。一九三〇年代から四〇年代にかけて、流線形の時代、あらゆるところにあらわれる典型的な語り口である。

ポピュラー系科学雑誌ばかりではない。女性向け家庭雑誌『すてきな住まいと庭園』一九四三年五月号も、同じ語り口をとるのである。「台所に春の息吹を」と題された記事だ。モダンな主婦に家事の提言をしている。古くて重苦しい台所を、新しくて明るい台所に変身させましょう。こう語りかけるのである。だから次のように誘っているのだ。曰く、「台所に春の息吹を」【図65】。

「しかし」――と記事は釘をさす――「でも貴女の台所に、あわてて種を撒《ま》く必要はありません」。「こんな大変な時勢」だからこそ、「新鮮で楽しいタッチ」を「夢見る」ことが大事なのです。「全力を出さなくても良いのです」。ちょっとした工夫で、なにもかも雰囲気が変わるのです。こう諭すのである。大変な時勢とは、もちろん第二次世界大戦のことだ。いわゆる銃後の暮らしも非常事態である。台所を大改装したり、最新式の高価な家電品を購入するわけにもまいらない。今ある台所をそのままに、ほんの少し工夫するだけで、明るい台所に変身させることができる。少しの工夫の中味といえば、たとえば、配置換えをする、中仕切りをする、カーテンの色を変える、ランチョンマットの色調を揃える、壁の色を塗りかえるなどなど、ほんのささいなことで良いのです。このように諭しているわけである。最後に、こうして工夫を加えることをまとめて、記事は次のように語るのである。曰く、「食事も流線形にしました。調理器具も流線形にしました。皿洗いも流線形にしました」。「心温まる雰囲気」を醸しだしましょう。「いちど試してみてください。貴女にとってマイホームの拠点である——貴女の台所に、春の息吹をあたえあげてください」。これが記事の概容である。

【図65】流線形化されたモダンなキッチンはやはり白色を基調とする。流線形神話と白い神話との根本的親和性を示す風景だ。

あらゆる無駄を省いて効率化をはかる。しかも、その手立てを流線形化と呼ぶ。つまりは、こうしたできごとをなりたたせる表象の枠組みとしての流線形シンドローム。この記事を成立させているひとつの大黒柱はこれである。そして、記事に添えられた写真を見れば、「今ある台所」と称されるものは、まっ白な表層を身にまとった台所キットたちである。ガスレンジも流し台も、湯沸かし器も整理棚も、すべて「どこからどこまでまっ白」だ。もちろん、電気冷蔵庫も例外ではない。白い冷蔵庫である。つまり、今ある台所と呼ばれているものは、すでにして、モダンライフの神話たる「白い神話」でできあがった空間に他ならないのである。白い神話と流線形神話の親和性を示す表象世界といえよう。

白い冷蔵庫の神話は、さまざまな位相において昂進してゆく。この記事にあるように、家事という実践の場で深化してゆくこともある。もちろん、そればかりではない。技術革新として深化されてゆくこともある。むしろ、これまで本書で追ってきた白い神話の系譜は、こちらの方が大半であった。そして、その技術革新の系譜、つまりは冷蔵庫の進化の系譜は、流線形の時代においても、なおもつづいてゆくのである。

『コンパニオン』一九三五年三月号が見やすい。白い冷蔵庫に盛りこまれる最新技術をまとめてくれているからである。「たくさんの方々の夢が現実のものになりました！」と銘打たれたテキストだ。かつてバレンタインデーの贈り物だった、レオナルド電気冷蔵庫シリーのズ最新型を紹介する広告である。宣伝文の細部はもういいだろう。白い神話を語る作法は大同小異だからである。

ここで目をひくのは添えられた図版である。レオナルド最新型自動電気冷蔵庫に盛りこまれた新機軸が、ひと目で総覧できる構成になっているのである【図66】。たとえば、つま先で扉を開けられる「開閉用ステップ」「レン・ア・ドア方式」、いちどに一二個の角氷を作ることができる「大型製氷皿」「一二冷凍スピード」、ドアの開閉で点灯する「自動照明ランプ」。さらに、庫内に収納したものを配置換えしやすくする「補助トレイ」、バターや卵を保冷する「便利バスケット」などなど。さまざまな新機軸が一堂に会しているのである。なかには、すでに新機軸として紹介されてきたものもあるし、今回はじめて登場した工夫もある。しかし、この広告では、それらがすべて「進化の証し」としてラインナップを組んで紹介されているところが、これまでにない点である。つまり、冷蔵庫の技術改良も、あらゆる細部にまでゆきわたってゆき、いわば冷蔵庫総体に、その進化の網の目を張りめぐらしていっている。しかも、そうした細部の局所的改良の数々が、たがいに連動しあい、統合されて、ひとつの機能的総合ユニットとして紹介されているのだ。個々の改良点をひと目で分かるようにならべ、ひとつの総体として印象づける。これが、一覧表式図解という表象スタイルがもつ哲理のひとつである。

技術改良とは、冷蔵庫を微分するまなざしで観察して、はじめて達成されるなにものかである。そうした微分するまなざしの賜物たちが、たがいに連動して、ひとつの大きな機能を下支えする「部分」、という位置価値をあたえられる。ここにある図版の表象基盤は、そうした発想でできている。部分を部分として認めながらも、それを全体あるいは総合という視点から評価してみせる。部分という個別のできごとを、全体という総合的意味層へ回収する。こうした構図といってもよい。それは、いわば積分するまなざしとでも言われるべきものである。こうした、微分と積分のまなざしの交差は、およそ機械仕掛けを作成するときには、必要不可欠なできごとだ。機

【図66】さまざまな技術的新機軸を一堂にあつめ総覧する。総覧とは微分した部分をふたたび総体へと積分するための図像的手だてに他ならない。

械の全体を知らずして部分だけを見るエンジニアなどありえないし、その逆もまたしかりである。ここまで本書は、一九〇〇初年代から三〇年代まで、冷蔵庫表象の系譜を追ってきた。しかし、こうしたまなざしの交差が、ここまで明確なかたちで表象されることは稀だった。この図版は、やはりその点で一頭地ぬきんでている。

では、いったいこの図版でなにが起こっているのだろうか。それはさまざまあろうが、次の点が見逃せない。ひとつは、電気冷蔵庫も、いわゆる今日的な意味における総合的機能をもつ家電品としての完成域に達しつつあったという事態である。もうひとつは、電気冷蔵庫が、単に個別の機能を寄せあつめた集合体としてではなく、さながら一個の有機体のように、ひとりでに働いてくれる機械としてイメージされかかっているという事態である。前者は技術的できごとであるが、後者は、モダンな道具としての表象のできごとである。とどのつまり、その双方ともにあわせて、白い電気冷蔵庫が、モダンライフの使徒としての評価を盤石なものにしたという事態である。

電気冷蔵庫が「ひとりでに」働いてくれる。まるで、「一個の有機体のように」作動してくれる。もちろん、これは比喩的なできごとである。なにも人工知能をもってして、それこそオートマチックに機能するということではない。そうした仕掛けが、技術的に実現可能なものとして遠望できるようになってきたのは、一九五〇年代初頭あたりからのことでしかない。大型演算機の小型化がはじまり、サイバネティック理論が体系化され、フィードバック回路が開発され、電子信号技術が洗練されることになってからのことである。この広告にあるのは、あくまでも表象世界のできごととしてである。しかし、そうではあるものの、ことイメージのできごととして限定すれば、やはり、こうした物言いの基盤をなしているのは、自動人形《オートマン》にも類せられる「全自動」性であることも確かである。なにせ宣伝文それ自体も、最新型冷蔵庫を評して次のように語ってみせているのである。曰く、「レオナルドが完璧《コンプリート》な冷蔵庫をお届けします」。言うまでもなく、ここでいう完璧さというのは、まずもって機能の多様性と、全自動性とが基盤となったできごとである。

開閉用ステップにせよ、自動照明ランプにせよ、他のなんにせよ、機械仕掛けとしてみれば、なるほど単純な仕掛けである。しかし、重要なのは、そうしたおそらくは単純な仕掛けという部分がすべからく集められ、ひとつのメカニズムとして、さまざまな仕事や働きをしてくれる。こうしたイメージそれ自体が、ひとつの新しい記号となって、なにがしかのことを発信するようになるのである。それが、なんでもひとりでこなしてくれる全自動性、すなわち「完璧」な冷蔵庫というメッセージである。これをひとことで言えば、次のようなことだ。つまり、近世以来、ひとりでに動く自動人形が、技術者の夢の極北であったのと同じく、あれこれ手間をかけなくても、ひとりでにさまざまな仕事をこなしてくれる完璧な冷蔵庫こそ、モダンな主婦の夢の極北だったのである【図67】。夢の極北としての完璧な冷蔵庫。その点でも、このレオナルド最新型自動冷蔵庫の広告

【図67】米国白人中流社会が夢見たモダンライフが現実のものとなる。白物家電の神話圏は20世紀大衆社会の暮らしをその表象基盤から束縛してゆく。

は興味深い。なぜなら、大きく銘打たれたヘッドラインが告げているからである。曰く、「たくさんの方々の夢《ドリームズ・カム・トゥルー》が現実のものになりました！」。もちろん、テキスト現象としては修辞学上の手立てにすぎない。しかし、こうした物言いをなりたたせている表象の基盤は、決して表層的なできごとではない。近代それ自体が抱きつづけてきた、機械仕掛けをめぐる表象の系譜の深層構造にねざしたものなのである。

ずんぐりした牛乳瓶

部分と全体のまなざしの交差。なにもこれは、レオナルド冷蔵庫に限った話ではない。すべての電気冷蔵庫が眼差しの交差でもって、みずからを「進化」させてゆくのだ。

『メカニクス・イラストレーテッド』一九三九年七月号が、これまでにない新機軸を報じている。「ランプが冷蔵庫内のバクテリアを死滅させる」と題された記事だ【図68】。今般、家電大手ウェスティングハウス社が、外付け式の「殺菌ランプ」、通称「ステリランプ」を市場に送りだしたというのである。このランプは「水銀灯」でできており、「紫外線を照射」して「冷蔵庫内の細菌を殺す」という。「長さ一七センチメートル」の金属製筒状ケースに収納されており、ちょうど懐中電灯のような形態だ。ケースから伸びた電気コードを「家庭用ソケット」に接続するだけでよい。消費電力は通常の「二五ワット電球の四分の一で済む」と謳われている。これが記事の概容だ。

冷蔵庫内を清潔に保つ。しかも、近代衛生学の知見をもとに、「深層への衛生的まなざし」でもってそれを遂行する。先に見た近代的学識からくる新しい技術である。記事もそのことに言及して、この殺菌ランプが市場にあらわれたことを評して、「科学技術の家庭内化《ドメスティフィケーション》」であると称揚している。というのも、確かに、これまで見てきたように、琺瑯加工というのも細菌の滞留を防ぐものとして「衛生的」だと謳われてきた。しかし、それはいわば消極的な衛生の手段でしかないといえばその通りだ。これからの電気冷蔵庫は、単に食料品などを低温で長期保存するだけでは足りない。細菌の滞留を阻止しつつ、できればこれを死滅させる。そうしたいわば積極的な衛生の手立てとして、殺菌作用をもつ器具をこれに接続することは、なるほど「進化」と呼びたくもなるできごとだったろう。ことさら、「科学技術」の家庭内化と謳うのもゆえなしとしない。

しかし、進化はさらに昂進するのである。右の殺菌ランプは、なるほど進化だったかもしれないが、しかし「外付け式」であった。それに対して、標準装備タイプの殺菌ランプが登場したというのだ。

【図68】清潔な暮らしを実現する殺菌ランプ「ステリランプ」が市場に登場した。技術改良はまずは外付け式からはじまる。

『ポピュラー・サイエンス』一九三年九六月号が、このライバル機種を紹介している。「冷蔵庫内の空気を殺菌する管形電球」と題された記事である【図69】。

今般、市場に冷蔵庫用殺菌ランプが登場した。「水銀灯」が「紫外線」を照射して「庫内を循環する空気」を殺菌するのだという。先に見たウェスティングハウス社の殺菌ランプと、ほぼ同じような仕様である。詳しくはいいだろう。さて、こちらの殺菌ランプの新機軸はなにかといえば、すでに冷蔵庫に取り付け済みで販売されている点だという。だから、いちいち電気コードを家庭用電源に接続する必要がない。ドアの蝶つがい部分に装着されているのだ。しかも、水銀灯の端末にある接続ユニットが、ドアに接しており、ドアが開閉されるたびに、殺菌ランプのスイッチが「自動的に切り替わる」のである。ドアが開くとスイッチが切れる。ドアが閉められるとスイッチが入り、次に開けられるまで、継続的に紫外線を庫内に照射するというのである。これにより、冷蔵庫を購入したあとに、わざわざ外付け式ランプを接続する必要がなくなるし、いちいちスイッチを切り替えて照射時間を制御する「手間」が省けるのだ。家事の流線形化が一歩進むというわけである。標準装備タイプの方が、ひとつ「進化」したと評されるゆえんである。

水銀灯式殺菌ランプが、外付け式から標準装備タイプへと「進化」する。冷蔵庫の細部へあまさずそそがれる微分的まなざしも、ますます洗練の度合いを昂進してゆくのである。

二〇世紀を通じて、電気冷蔵庫はつぎつぎと新機軸を加えてゆく。それらはいずれも、家事のよけいな手間を省いてくれる。一九三〇年代にならえば、流線形化してくれるわけだ。こうして冷蔵庫に加えられる改良点が、なるほど流線形神話のできごととして語られていた。そんな事態を、これ以上ないかたちで示している奇妙な表象世界が登場した。ふたたび、「完璧」たるレオナルド全自動電気冷蔵庫にもどろう。

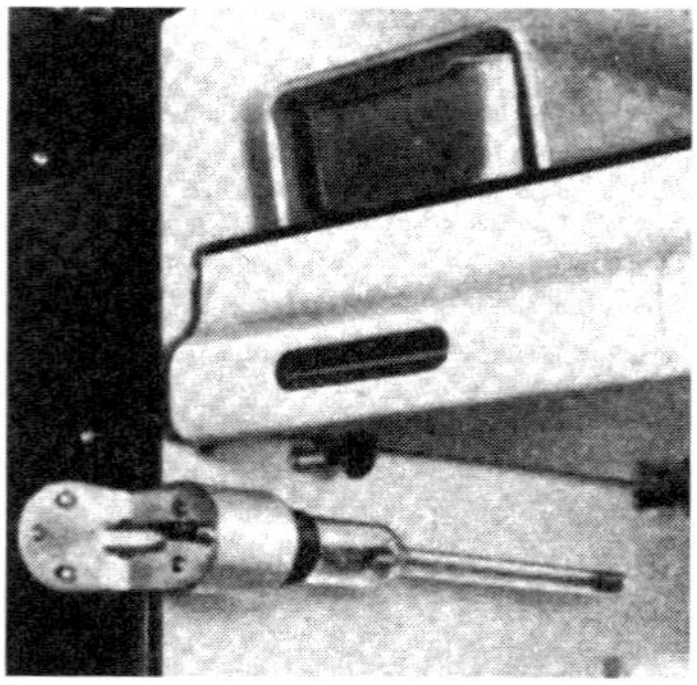

【図69】電気冷蔵庫内蔵式殺菌ランプが市場にあらわれる。外付け式が先行したあと内蔵式が登場する。これもまた20世紀型市場原理のひとつだ。

先ほど、レオナルド冷蔵庫に加えられた新機軸の一覧図解を見た。「開閉用ステップ」や「大型製氷皿」をならべた図解だ。じつは、そのなかに、もうひとつの新機軸が紹介されていたのである。「折りたたみ式《フォールディング》食品棚《シェルフ》」と呼ばれているものだ【図70】。説明文にはこうある。曰く、

　　背の高い《トール》瓶《ボトルズ》を収納するスペースを、すばやく作る方法です。

説明文によれば、どうやら、「背の高い」ボトル類を冷蔵庫に入れるときに役立つものらしい。なるほど写真にもある。牛乳瓶であろうか、なにやらボトルを収納している。左手で牛乳瓶をもち、右手で食品棚をはねあげている。「折りたたみ式」というのは、食品棚の片方の端を蝶つがいかなにかで固定して、片側にはねあげるということらしい。確かに、これなら、背の高い牛乳瓶でも、横に寝かせることなく立てたまま収納できることだろう。ありがたいといえばありがたいが、なんとも、ささいなできごとである。新機軸やら改良点と呼ぶには、いささかさびしい話ではないのか。

【図70】背の高い牛乳瓶を冷蔵庫に立てたまま収納する。ささいな日常的身振りにまで技術改良のまなざしは注がれる。暮らしはもはやテクノロジーの「進歩」から逃れられない。

もちろん、手間は省けるだろう。この「新機軸」がなければ、牛乳瓶を横にして入れなければならない。そうなると、縦にして入れるよりも食品棚に占めるスペースが大きくなる。その分、他の食品などを入れるべきスペースが少なくなる。その結果、冷蔵

庫に入れられる食品の総量が減少する。効率的でなくなる。そこで、他に手立てを考えなくてはならなくなる。どこか別のところに収納しようか。どこか良い冷暗所はないものか。台所を見まわしてみる。なかなか見つからない。あれこれ考える。刻々と時間は経ってゆく。牛乳瓶を縦にしてそのまま収納できないばかりに、おそらく、こんなことが出来るかもしれない。なんとも無駄である。あるいはまた、どうしてもすべてを冷蔵庫に入れておかなければならないとなったら、今度は庫内を整理しなくてはならなくなる。それでなくても庫内は満杯に近い。バターをこっちにやり、果物をあっちにやり、ベーコンと牛肉は重ね直して、なんとか、牛乳瓶が横になれるスペースを作り出さなくてはならない。煩わしい。手間がかかる。なんとも非効率で、無駄なことだ。こんな事態が起こるやもしれない。——そうした、非効率で無駄な煩わしさを一気に解消してくれるのが、この「折りたたみ式食品棚」なのです。おそらく、広告がこれを新機軸として伝え、その効用を謳いたいのはそんなところだろう。見やすい話である。

さて、この広告は、一連の新機軸を紹介するなかで、この折りたたみ式食品棚のことも同時に誇っている。新機軸なのだと。これにより、家事の手間をひとつ省くことができるのだと。だから進化なのであると。こう謳いたいのだろう。おそらくその通りだ。これは、近代主義的視点からすれば、確かに進化である。であるとするならば、折りたたみ式食品棚を導入したことも、そうした、起こりうべき無駄な手間を省くことになるから、冷蔵庫を流線形化したということになる。それによって、家事労働を一手間だけ流線形化したことになる。つまりは、効率がよく、無駄のないことを信条とするモダンライフを実現しているということになる。この広告の真意が、そこらあたりにあることは間違いない。しかし、この広告では流線形という言葉が使われていない。それについては寡黙なのだ。案じることはない。牛乳瓶を縦にしたまま冷蔵庫に収納できる。こうした日常的身ぶりをめぐって、確かにそこに、流線形神話が起動してきていることを、明かしてくれているテキストが存在する。レオナルド冷蔵庫のこの広告に代わって、明言してくれている表象世界があるのである。『ポピュラー・サイエンス』一九四〇年八月号がそれだ。

『ポピュラー・サイエンス』同月同号の家庭欄コーナーに、ひとつの短信記事が掲載されている。「流線形牛乳瓶《ミルクボトル》」と題された記事だ【図71】。

テキストに曰く、「冷蔵庫に収納するのに簡単にフィットするデザイン。左側が新型の牛乳瓶で、これまでのものより軽量である」。これだけである。きわめて短いテキストで、記事というより写真のキャプションといったほうがふさわしい。むしろ伝えられる情報量が多いのは、添えられた写真の方である。女性が二本の牛乳瓶を手にしている。背が高くほっそりしたタイプと、背が低くずんぐりしたタイプである。一見すると、新登場の流線形ミルクボトルというのは、背の高い方のことかと思ってしまう。いかにも、すらりと滑らかな

【図71】背の低い牛乳瓶を使えば冷蔵庫に立てたまま収納できる。流線形化の波は冷蔵庫ばかりではなく牛乳瓶にも向かう。合理化は暮らしの哲理になった。

曲線を描いているからだ。しかし、実際は背の低い方が流線形ミルクボトルなのだ。逆なのである。第一印象と実際との、このズレはいったいなにを意味するのだろうか。

じつのところ、この牛乳瓶は二本とも内容量二リットルで同じ大きさなのである。背の高い方が旧来のものだ。これだと、いったん開封した後、飲みかけの瓶を冷蔵庫にもどすとき、不便なことがおこる。縦にして冷蔵庫にいれることができないのだ。背が高すぎるからである。かといって、横にして入れようとすると、棚のスペースをとって邪魔になる。他の食料品が入れられなくなるのだ。それに当時、大抵の場合、牛乳瓶のフタは紙製だったので、しっかり締めないとポタポタと牛乳が漏れてしまう。そのままにしておけば不衛生になる。いずれにしても扱いにくい。

そこで、考案されたのがこの新型ボトルであった。内容量を減らさないため、底面積を少しだけ大きくして、その分、背の高さを低くしたのである。ガラス素材も改良して、強度がありながらも薄手のものに仕上げた。その結果、これまでと同じ二リットルの容量ながら、軽量化したうえ、背が低くなったので、立てたまま冷蔵庫の棚に収納することができるようになったのである。おかげで、棚に占める牛乳瓶のスペースは節約され。狭い冷蔵庫の棚も「効率よく」使うことができるようになった。省スペースと軽量化を体現する牛乳瓶、すなわち、「流線形牛乳瓶」が誕生したというわけである。

この記事は短信ながら、きわめて重要な記録である。なぜなら、ここでは流線形というのが、あきらかに形状のことを意味するのではなくて、新型デザインによってもたらされる、簡単な取り扱い、スペースの有効活用といった「作業手順の効率化」を意味しているからである。ここでは流線形が物理学のできごとから、人間工学のできごとに水平移動しているからである。簡単な取り扱いとは、無駄な労力の排除ということである。スペースの有効利用とは、無駄なスペースの排除ということだ。要するに、牛乳瓶を効率よく冷蔵庫に収納するという目的にとって「障碍因子」となるものを、効果的に「排除」する。これこそ、流線形牛乳瓶のこころなのである。なるほど、目に見える形状は流線形ではないけれども、目に見えない効果は流線形なのだ。流線形牛乳瓶の流線形とは、じつは「目に見えない流線形」なのである。

先に流線形シンドロームと言った。本来物理学用語だったものが、物理学の文脈から切りはなされ、まったく別の文脈で語られる。そのとき、さまざまなことがおこる。こうした表象のできごとだった。流線形牛乳瓶という表象が示しているのは、まさにこうした事態である。二〇世紀前半、人間工学という考え方がますます重要さを増してゆく。工業デザイナーも、ユーザーの身体運動や四肢の動線などに留意して、設計をすることが当たり前になってゆく。そうした科学的観点から、配膳台や作業台の形状や配置が決められていった。確かに、人間工学的に配慮し、なおかつ道具の機能性を最大限にひきだす。それをめざした結果、流線形のかたちにゆきついたというのであれば、それは内実ある流線形といえるだろう。しかし、先進的イメージや格好良さを演出するための流線形であれば、それはたんなる装飾にすぎない。しかも、空疎な装飾といわざるをえない。この牛乳瓶とて同じことである。この短信記事ではその点が語られていない。沈黙の修辞学が支配しているのである。かつてミシェル・フーコーは、なにを語るかではなく、なにを語らないか、これがテキストの権力構造であるといった。一九三〇年代も後半をむかえると、まさに流線形の神話圏も、沈黙するというテキストの権力構造を起動させてくるのである。

レオナルド冷蔵庫の折りたたみ式食品棚と、科学雑誌が速報する流線形牛乳瓶。牛乳瓶を冷蔵庫に入れるという、ごくごく平凡で、なんの変哲もない日常的身ぶりをめぐって、それぞれ違うアプローチの仕方でもって、みずからの新機軸を語っている。かたや食品棚のメカニズム改変、かたや牛乳瓶のデザイン一新。しかし、そうした違いにもかかわらず、それぞれの新機軸をめぐる価値の枠組みは同じ根っこからきている。あらゆる障碍因子を排除し、どんなささいなものでも無駄を取りのぞく。暮らしの効率化をはかり、家事の省力化をめざす。その結果、快適で、楽しく、明るい暮らしを手に入れる。つまりはモダンライフを手に入れる。そのための新機軸であらんとする。これである。

よしんば、流線形という表現を使っていようと、使っていまいと、それらを新機軸として言挙げしてくる表象世界の根幹はなにも変わらない。それは、あるときは白い科学神話と呼ばれようし、あるときは清潔さの神話と呼ばれようし、またあるときは、流線形神話と呼ばれることもある、ひとつの大きな表象の枠組みである。それは、二〇世紀モダンライフの「快適なわが家」という神話である。

フォルクス冷蔵庫

牛乳瓶を縦のまま冷蔵庫に入れる。そんなささいなできごとをめぐって、じつは、同時代のドイツでも、奇妙な表象体系が起動してきていた。それを見るには、一九二〇年代後半まで、少しばかり話をもどさなくてはならない。

一九二〇年代、ベルリンの繁華街ライプチヒ通りに、一軒の電気屋が店を構えていた。「ラダッツ電気店」という。決して、歴史に名を残すような名店ではなかった。店の由来もその後の消息も分からない。なんの変哲もない、ごく平均的で無名な家電専門店である。しかし、多少はメディアの宣伝効果について、理解していたスタッフがいたのであろう。週刊『ベルリンの主婦』誌に、定期的に店の広告を打っているのだ。有名な全国紙やベルリンの有力紙ではない。一介のローカル誌にすぎない『ベルリンの主婦』は、これまた、ラダッツ電気店の広告を掲載するメディアとしても、まことにつりあいのとれた器といえよう。万事にこじんまりとしているのである。

読者層は、これまたあらゆる意味でこじんまりとした、小市民あるいは労働者の主婦層である。編集者も広告主も、そこら辺の事情は十分わきまえていたと見える。なにせ、同誌に掲載される広告は、いずれも実践的で経済的なものばかりだからだ。ラダッツ電気店も例外ではなかった。謳い文句はズバリ「全品一二ヶ月分割払いも可」というものだ。身も蓋もないといってしまえばそれまでである。しかし、一ペニヒでも倹約に徹しようと、手ぐすね引いているドイツの主婦たちである。この直裁にすぎるキャッチコピーも、相応の効果をあげたものに違いない。

コマーシャル戦略の拙攻についての議論は、ひとまずおくとしよう。わたしたちの関心にとって興味深いのは、そこで提供されている分割払いの商品たちである。

全部で一七製品が提供されている【図72】。その顔ぶれは、洗濯機、掃除機、ガスレンジ、オーブン、ヘルスメーター、風呂釜セットといった家電品の常連ばかりである。これ自身にはなんの変哲もなく、一九二〇年代ベルリンの都市生活の一端を伝える資料である。ところがよく見てみると、ある時期から、その中身が一点だけ変わっているのに気がつく。一九二七年上半期、それまでなかった家電品が、このリストのなかに登場してくるのである。電気冷蔵庫である。それまでの常連だった暖房器具を押しのけ、これ以降、ラダッツ電気店の分割払い商品リストには電気冷蔵庫が加わる。

ラダッツ電気店の顛末は、今となっては知る由もない。しかし、よしんば無名のまま終わったとしても、この時期、同店の広告メッセージのなかには、確かに、一九二〇年代後半ドイツにおける、家電品をめぐる表象の枠組みの一端がかいま見られる。つまり、ごく平均的な家電販売店の常識的な判断のなかに、これまた平均的な市民生活の家電品をめぐる欲望の輪郭が、たくまずして集約されているからである。衣類を清潔に保つには電気洗濯機が必要であり、住まいを清浄に保つには電気掃除機が必要であり、都市生活の調理にはガスレンジが必要である、といった具合である。そしてこの時期、あらたに電気冷蔵庫が加わったというわけだ。食料品を新鮮かつ清潔に保つには、冷蔵庫がこれまた必要であるというのである。

それから三年後、米国から最新型冷蔵庫がやってくる。『ケルン画報新聞』一九三〇年三月八日号が、この外来機種を報じている。「あなたの健康のために」と銘打たれた広告である。今般、ドイツ市場に登場したのは「フリギデーア自動電気冷蔵庫」という。

【図72】「全品12ヶ月分割払いも可」。ベルリンの市民生活にも冷蔵庫が必需品となってゆく。1920年代小市民の日用品リストに冷蔵庫が新規参入するようになってきた。

もちろん米国製で、本国ではフリジデアと呼ばれる機種だ。これまでにも再三、本書に登場した冷蔵庫である。

宣伝文は謳っている。「すべては、あなたの健康のために」。いかにも、近代衛生学の本場ドイツらしい物言いだ。まずは実用価値を説く。「フリギデーアはお手入れ無用。全自動だからです。氷はいりません――氷を作るのです」。そして、分かりやすく印象づける。曰く、「ショーウィンドーでこのマークを見たら」、それは、「腐りやすい食材」も「フリギデーアの安定した冷気で保存されている印です」。「新鮮で、美味しく、衛生的にも文句なし」。こう断言してみせる。さらに、ドイツの主婦は倹約を旨とする。その琴線に触れようと、次のように誘いかけるのである。「消費電力は毎日たったの数ペニヒです。分割払いもお受けします。資料をご請求下さい」。

この広告メッセージの基調は、健康、衛生である。しかし、ここでの健康、衛生はあくまでも個人個人の市民生活のそれであり、けっして「国民」の健康とか、「ドイツ民族」の衛生問題とかではない。ここで大切なものとされている健康とは、市民ひとりひとりの健康、他の誰とも交換することのできない個別事象としての「わたしの健康」である。健康を語るのに、国民や民族などという類概念で語られてはいない。ここでの健康と衛生をめぐる表象の枠組みは、抽象的な国家主義的イデオロギーに吸収されてはいないのである。一九三〇年のことだ。

それから三年後、国家社会主義ドイツ労働者党NSDAPが政権をとった。通称ナチス党である。政権樹立後、ナチス政権は間髪をおかずさまざまなキャンペーンを張った。宣伝大臣ヨゼフ・ゲッベルス主導のもと、各種キャンペーンには簡潔なスローガンが案出された。一般大衆に深く印象づけるためである。

ナチスの数あるスローガンのなかに、「腐敗との闘争《カンプ・デム・フェアデルプ》」というのがある。誤解しないでいただきたい。ここでいう腐敗とは、汚職とか組織ぐるみの裏金づくりとかいった、いわゆる社会的腐敗のことではない。まがりなりにも国家社会主義として登場してきたナチスではあるが、保守政権と資本主義の癒着を糾弾して、旧政権下における腐敗を一掃せよと言っているのではない。

ここで言われている腐敗とは、文字通り食材が腐ることである。要するに「食べ物を腐らせるな」というのだ。衛生についての標語なのである。それを、ヒトラーの著書『我が闘争《マイン・カンプ》』になぞらえてか、「闘争《カンプ》」という攻撃的意匠に仕立てあげているのだ【図73】。

ナチス政権は、その極端な排外的国家主義のゆえもあって、遠からぬ時期に資本主義陣営との全面戦争もやむなしと決していた。来るべき戦争に備えねばならぬ。開戦前夜、ドイツ社会はそんな空気に包まれていった。そこで仕掛けられたスローガンのひとつが「腐敗との闘争」だった。戦場ばかりではなく、ドイツ国内の生活現場も「全面戦争」の最前線であるというシナリオである。いわゆる銃後という規定だ。戦争に突入したら、国内需要を満たすばかりでなく、前線の兵士にまで遅滞なく食料を供給しなくてはならない。しかも、交戦状態になったら、これまでの海外からの輸入には頼れなくなる危険性が高い。そうした、戦争経済についての予測を立てた政府は、十分な食糧確保のためにさまざまな方策を講じたのだが、その一つがこの「腐敗との闘争」キャンペーンであった。

食糧供給の見通しがきびしくなりそうなとき、占領地における食糧確保や、友好国との通商関係の強化を図ることは当然の選択肢である。外交的手だてだ。しかしそれ以外に、腐敗との闘争キャンペーンには重要な目的があった。国家総ぐるみで衛生問題と取り組むことによって、強い兵士を育てなければならない。これである。戦車や飛行機も重要だが、健康で、強靭な体力をもった強いドイツ兵こそ、国家の命運をにぎる存在だからだ。

そのために、さまざまな施策が講じられた。国民体育競技会、各種スポーツ大会、各種運動イベントなどなど。国家ぐるみのものもあれば、地域社会で開催するものもあった。それは大規模な健康増進の仕組みであった。しかし他方、それと平行して、小規模な健康増進の仕組みもあった。それぞれの家庭でできる取り組みである。暮らしを衛生的に保つ。部屋を清潔にする。生活習慣を清楚なものにあらためる。いずれも簡単にできるものばかりだった。それでなくとも、もともとドイツは近代衛生学の本家である。ひとびとの日常的身ぶりとしても、決して、目新しくも新奇なものでもなかった。ひとびとは、これまでの衛生的で簡素な暮らしぶりを、そのまま徹底すればよいだけの話だった。ただ、ひとつ違っていたのは、ひとびとの健康が大切なものとされるにしても、もはや、健康が個人のできごととして大切にされるのではなく、ひとえに「強い兵士」になるために必要な条件として健康が大切だ、

【図73】ナチス政権下の「腐敗との闘争」キャンペーン用ポスター。1枚のパン切れですら国家の存亡にかかわる重大事だ。食料保存も排外的国家主義という文脈に巻きこまれてゆく。

と言われるようになっていったのだ。健康は、わたし個人の問題であるというよりも、すぐれて国家の問題である。このように、健康を語る文脈が変わっていったのである。

ナチス政権樹立後、市場に一台の電気冷蔵庫が登場した。それは奇妙なかたちをしていた。これまでに見たこともないようなシルエットだった。その新参者はボッシュ社製「フォルクス電気冷蔵庫」と名乗った。パンフレットは大書して謳っていた。「冷やそう……そして、いつまでも健康でいよう」【図74】。

ドイツの有力家電メーカー「ローベルト・ボッシュ社」の製品だ。もちろん技術的には完成品だった。高さ八四センチメートル、幅六〇センチメートルの円筒形をしており、庫内直径四四センチメートル、奥行き三九センチメートルで、庫内容量は六〇リットルを誇った。出力八分の一馬力の小型電動モーターを搭載しており、庫内温度は常時五度に保たれた。食品棚は三層になっている。巧妙にデザインされているので、一リットル牛乳瓶四本を立てたまま収納できる。しかも、庫内の食品棚は取り外し可能で、清掃も簡単なうえ、大家族用としても

【図74】ボッシュ社製「フォルクス冷蔵庫」が市場に登場する。食品を腐らせないのは重要な国家的できごとである。「1家に1台」キャンペーンは単に福祉政策ではなく、すぐれて国家主義的内政策だった。

使うことができた【図75】。全自動圧力制御メカニズムを備え、庫内温度サーモスタットが電流を調節し消費電力を抑えた。なにからなにまで備わっており、その実用価値は申し分なかった。

見た目も、コンパクトでかわいらしかった。シルエットが円筒形なのは、もっとも成形が簡単で、大量生産向きだったからだ。しかし、そうした技術的要請からくる容姿だったにせよ、台所に設置したすがたは、それなりに美しいものだった。審美的価値も備えていたのである。なにより、白く輝くその表面加工が、清潔そうで、好もしい印象をあたえた。もちろん、琺瑯加工をほどこされた、全身どこからどこまでもまっ白な冷蔵庫だった。

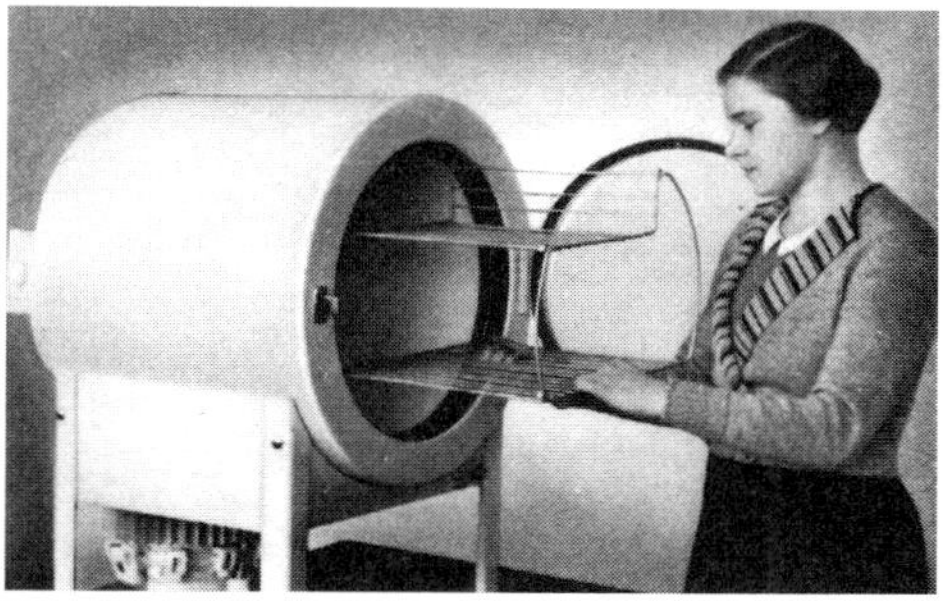

【図75】フォルクス冷蔵庫に金属製フレームを装着しているところ。合理的なデザインで狭い庫内スペースも無駄なく利用できる。牛乳瓶を立てたまま収納でき清掃も簡単だ。

この電気冷蔵庫の名称は「フォルクス電気冷蔵庫」といった。表象文化論的には、見過ごせない名称である。それは、いったいどういうことであるのだろうか。

フォルクス・ワーゲンといえば、誰もが知っているドイツの名車である。カブトムシのような、愛嬌のあるシルエットが人気の車種だ。この車は、よく知られているように、そもそもナチスが作らせたものだ。ヒトラーの号令のもと、当時無名だった青年デザイナーに設計させたのだ。その名をフェルディナンド・ポルシェという。後年みずから起業して、名車ポルシェを世に送ることになる設計家の若きすがたである。

フォルクス・ワーゲンはナチスが送りだした車である。国力強化の名のもと、モータリゼーションを目標にかかげ、その一環として製作したのである。もちろん購買キャンペーンを張った。そのときのスローガンが「自動車を各家庭に」だった。戦後ドイツの復興のシンボルとなった名車は、その遺産である。こうした誕生の背景は、車の名前にも残っている。「フォルクス・ヴァーゲン」といえば、ドイツ語で「フォルクス」＝「大衆の」と「ヴァーゲン」＝「車」とからなる造語である。要するに、文字どおり「大衆の車」、「国民車」というわけだ。なるほど、「一家に一台」を地でゆく名前である。

ナチスのスローガンはまだある。ナチスは情報操作しようとした。そのために、メディア各方面において、さまざまに規制、検閲の網の目を張りめぐらせてゆく。当然、ラジオ放送もターゲットになった。重要なメディアだからである。放送内容に対する検閲や、ラジオ局の人事に対する介入は言うにおよばず、ハードウェアのメディア環境にも、支配の手をのばすこととなった。まずは、情報発信のための環境を整えようというわけだ。

自分たちの主張をもれなく送りとどけるために、各家庭に一台、ラジオ受信機を行きわたらせる。そんなナチス政権にとって、これが緊急の課題となる。「大衆の受信機」、「国民受信機」普及プロジェクトである。「大衆の」＝「フォルクス」と「受信機《エンプフェンガー》」をくっつけて、「フォルクス・エンプフェンガー」としようということになる。他でもない、フォルクスワーゲンのラジオ版である。そこから生まれたのが、悪名高いラジオ受信機「フォルクス・エンプフェンガーＶＥ３０１型」だった。文字通り、「国民受信機」である。このキャンペーンのスローガンは「ラジオ放送を各家庭に」だった。なるほど、「一家に一台」をそのまま体現した名前であった。

多言は要しまい。ボッシュ社製フォルクス電気冷蔵庫——要するにこれは、「大衆冷蔵庫」あるいは「国民冷蔵庫」という意味である。国家を総動員する「腐敗との闘争」キャンペーンを現実のものとするための主力機種である。スローガンはやはり、「冷蔵庫を各家庭に」であったろうか。これもまた、「一家に一台」という政策趣旨を反映した名前である。

国民車、国民受信機、そして国民冷蔵庫——自家用車にラジオ受信機に冷蔵庫。すべて、ひとびとの暮らしには欠かせない道具ばかりだ。

「一家に一台」マイカーを普及させ、週末のドライブに出かけられるようにする。自動車といっても、かつてのように貴族階級の贅沢品ではない。大衆車だ。ひとりでも多くの国民にドライブを体験してもらいたい。もちろん、社会的福利厚生としての話ではない。国民車を手に入れるには免許証がいる。免許証を取得すれば、車を運転することができる。そして、もちろん戦車も輸送トラックも車だ。お察しの通りである。免許証を取得した国民というのは、ドイツ機甲師団における、将来の戦車の搭乗員なのであり、軍事物資を運ぶ将来のトラックの運転手なのである。週末ドライブにでかけた爽快な自動車道路も、時を越えた先には、東部戦線の凍てついた悪路につづいていたのである。

「一家に一台」ラジオ受信機を普及させ、全国どこでも番組が聴けるようにする。ラジオ受信機といっても、かつてのように富裕階級の贅沢品ではない。国民型ラジオだ。もちろん、余暇のたのしみというのではない。ひとりでも多くの国民に、総統の演説を聴かせねばならない。ナチス党のイデオロギーを、ひろく社会に浸透させるためである。

「一家に一台」冷蔵庫を普及させ、少しでも食材が腐敗することを防ぎたい。冷蔵庫といっても、もはや中流階級だけの特権ではない。これからは、労働者や農夫まで、あらゆる国民が持つことが可能になった。もちろん、純粋に衛生問題や健康問題としてだけの話ではない。言うまでもない、全面戦争に備えて、チーズのひとかけらでも、牛乳の一滴でも、大切に低温保存して腐らせないためである。それが、国民ひとりひとりの健康を守ることであり、ひいては、強いドイツを実現することでもある。

ことほどさように、ひとびとの暮らしのあらゆる細部が、くりかえし、国家へと関連づけられ、国家の誇りへと結びつけられてゆく。そのとき、ひとびとの暮らしは、他のなにものとも代えがたい、一回限りの個別的できごととしての「わたしの暮らし」であることを一時中断させられる。中断させられたあげくに、悠久の大義だかなんだか知らないが、強いドイツ帝国という神話に回収されてゆく。しかし、その神話というのは、じつに曖昧模糊として、情緒的で、じつのところ、その正体がよく分からない表象体系でしかない。とどのつまりは、不可知論である他ない神話体系。「わたしの個別性」を圧殺する作り話でしかない。恐るべきことだ。

しかし、真に恐ろしいのは、どこから引っ張ってきたのか判然としないような、そんな神話にひとびとを巻きこんでゆく道具が、じつにささやかで、微温的で、快適で、清潔な道具だったという事実である。マイカーにせよ、ラジオ受信機にせよ、そして、白い冷蔵庫にせよ。すべて同断である。

大言壮語の神話体系に、ひとびとを巻きこんでゆく。そんな使命の一端を、台所において担ったのは、しかし、見た目も涼やかで、清潔そうな、どこからどこまでまっ白な冷蔵庫であった。白い冷蔵庫の「親愛なるさりげなさ」、思えばそれは罪深いものであった。

そして、話はふたたび米国である。ドイツにフリジデア冷蔵庫を送りこんだ本家の話にもどろう。冷蔵庫はますます進化してゆく。さまざまな技術革新が盛りこまれてゆくのである。全自動霜取りシステムが標準装備になったのもしかり、冷凍庫ブースが加えられたのもしかり、狭いアパート用に両開きドアが開発されたのもしかり、はたまた、庫内脱臭剤が考案されたのもしかり。次から次と、進化してゆくのである。いずれも、台所における日常的身ぶりを省力化し、合理化し、効率化してくれる工夫ばかりだ。

そして、冷蔵庫こそ快適な暮らしの使徒である。こうした表象が仕掛けられつづけるのである。家族に対する無償の愛情でもって、美味しくて、健康的で、新鮮な料理を作る。そのための強力な助っ人です。ぜひ一家に一台、電気冷蔵庫をご用命ください。これさえあれば百人力、いや、これがなければ——いえいえ、そんな暮らしは想像できません。大切なご家族に、愛情たっぷりの料理を作ることができないなんて。そんな悲しいことがあってよいのでしょうか。せっかくの貴女の真情も、それでは台無しです。そんなことにならないように、最新式の冷蔵庫をお使いになってください。それでこそ、貴女の愛情を表現できるのです。それでこそ、家庭も楽しく、健康で、明るくなるのです。それでこそ、貴女のご家庭には、明るい未来が開かれるのです。そして、それでこそ、貴女はモダンな主婦になれるのであり、モダンライフが手に入れられるのです。こんな具合に語られてゆくのである。あたかも、快適なモダンライフとやらに到達する道は、そして、明るい未来とやらにつづく道は、冷蔵庫を購入することによってでしか見つけられないかのようだ。

白い冷蔵庫、それは現在ある暮らしを支えるばかりではなく、来るべき未来をも明るいものにする道具なのだと語られてゆくのである。流線形シンドロームと言った。いっさいの「障碍因子」を排除し、効率性や合理性を手に入れる手立ての総称だった。一九三〇年代から四〇年代にかけて、社会を席捲した表象体系だった。しかし、よしんば流線形という言葉が使われなくなったとしても、その根柢によこたわっていた価値の枠組みはなんら変わらない。一九五〇年代以降も、アカルイ未来を切りひらく省力化ならびに効率化という概念は、果てしなく機能しつづけるのであった。

科学神話は未来を予測したがる。『メカニクス・イラストレーテッド』一九五九年八月号も、ご多分に漏れず予測している。「弊誌が予測する……未来の家電品」という記事である。書き出しがふるっている。男性読者が多い科学雑誌のこと、まずは男性原理をよしとする心情に訴えかけるのである。「協同作業《トウギヤザーネス》の名の下に、皿洗いや料理やその他の家事を手伝ったら、それはもう男の世界とはいえないのじゃあないか。こんな恐れを抱いているご同輩はたくさんいることだろう」。しかし、「ものごとはよい方に向かうものだ」。「一〇年後あるいは二〇年後の家電品ともなれば、こんな忌まわしい雑用も簡単にすませられるようになるので、よもや貴方の奥方も、この楽しさを貴方にお裾分けしようなどとはゆめゆめ思わなくなるだろう」。このように語りかけるのだ。

科学技術にジェンダー的万能性を負わせたあと、やおら記事は本題に入る。主題は台所仕事の効率化である。曰く、「皿洗いを例にとってみよう」。二〇年後には、「もはや皿を洗わねばならないなんてことはないだろう」。食事のたびに、「皿を鋳型成型《モールド》する家電品が登場するからだ」。食事が終われば、その皿を「粉砕器に捨てるだけ」でよいのである。洗濯もそうである。きっと「洗濯納戸《ランドロ・クローゼット》」を使うことになるだろう。服を貯めておき、洗濯して、リンスして、乾かしてくれる「魔法の箱」だ。買い物も過去の物になるだろう。自宅とスーパーマーケットの間に敷設された「テレビ回線」で、安楽椅子に寝そべったまま「画面上で商品棚を見渡《スキャン》」して、プッシュボタンで必要な品を注文すればよくなる。「配達品はすべて気送管で送られてくる」。

もちろん、これは「決して非現実的な夢物語ではない」。ちゃんと技術的裏付けがあるのだ。「ゼネラル・エレクトリック社副社長C・K・リーガーによれば」、あと一〇年か一五年の内には「プラスチック板の成形器《モールダー》」が完成するという。現在ゼネラル・エレクトリック社では、「あらゆる生ゴミを真水に変える生ゴミ粉砕処理タンクを開発中らしい」。これで、「自治体の汚水処理問題も最終的に解決するだろう」。「洗濯納戸」のアイデアは、「ウェスティングハウス社の技術者が考えたものである」。その仕組みはこうだ。スーツを収納スペースに掛けておくだけでよい。これを「移動式軌道が洗濯スペースに運び」、「超音波エネルギーで洗浄」したあと、リンスと乾燥スペースに移す。それが済むと、ふたたび収納スペースに戻ってくる。「あとは着るだけでよい」。このように解説してみせるのだ。

もちろん台所もアカルイ未来にふさわしくなる。「家電品のセンター」だからだ。なかでも冷蔵庫は最重要課題だ。家庭内における「食料保存も革命的に変わる」のである。肉類や野菜は「ガンマ放射線処理」によって保存されるようになる。こうして処理された食料品は「永久に保存が効く」ので、「特別にデザインされた冷蔵庫に入れておく」。未来の冷蔵庫は「もっと小型になる」。それでいて「収納スペースは広がる」。「冷蔵器はひとつの大型ボックス内に内蔵するのではなく、台所の各所に配置される」。たがいに接続した連結器が、「嵩張《かさば》るコンプレッサーに取って代わる」のである。連結器を電流が通ると冷気が発生し、電流が逆方向に流れると暖気が生じて霜取りをしてくれる。そして、すべては「中央制御盤」【図76】で制御される。スイッチひとつで、なにもかも制御できるのだ。このように託宣するのである。そして最後に、ひとこと念を押す。決して荒唐無稽な話などではありません。「夢のような変革は数々あるが、そのための基礎研究はすでに進んでいる」。現在必要なのは「応用エンジニアリングだけなのだ」。「これが未来の形なのである――しかも、それはすでに実験段階にきている。ポスト・スプートニクの時代、なんでもありなのである！」。

多言は要しまい。あからさまな科学信仰と進歩主義。ひとびとの暮らしの個別的なありようを、そしてその可能性を、すべて科学技術のなかに刈りこんでゆく。その語り口は徹底している。もはや流線形という言葉は使われなくても、かつてそこにあった価値の枠組みは変わらない。そして、そうした方途でもって、手に入れられる暮らしぶりこそ、モダンライフであると称揚されてゆくのである。もちろん、その中央には、よそおいを新たにした冷蔵庫が君臨するのである。

二〇世紀前半、米国の平均的な市民はくりかえし語りかけられる。快適で、清潔で、無駄のない、効率の良い暮らし。近代衛生学を筆頭に、科学技術や基礎研究を背景にした、あくまでも合理的な暮らしをわがものとしましょう。しかもそれは、科学技術が生みだした家庭用電化製品によって支えられうるし、また支えられねばならない暮らしである。なぜなら、それら家電品は、なによりもまず近代の精髄である科学の賜物であるからだ。わずかな非合理も許さない近代科学が生んだ至宝だからだ。そうであればこそ、科学の賜物は、つねに新しくなってゆくものだし、ますます優れたものになってゆくものだ。なにせ、科学はつねに新しい知見をえて、古い知見をあらため、より優れた、より真実に近いものを生みだしてゆく。つまり、科学は進歩しているからだ。そうした科学的家電品に囲まれてこそ、はじめて手に入れることのできる暮らし。それが快適なわが家というものである。ひとびとは、このように訓育されてゆくのである。

　モダンライフの表象体系、それは神話体系である。なぜなら、ことほどさように称揚されてくる科学というものが、そもそも純正なる科学ではないからだ。よしんば科学を科学として語るときにも、すでにして、科学とはなんの関係もないさまざまな価値の体系が、そこには織りこまれているからである。ときに近代的歴史観や市民的倫理観、ときに社会衛生学や人種観。その時代、その社会状況に応じて、なんであれさまざまな価値の体系が、科学を語る語り口のなかに混入してくるからである。さらに、本来総体的なものであるはずの暮らしという複雑なできごとを、科学技術のなかに刈りこんでしまうからだ。暮らしのなかにあらわれる問題が、もっぱら科学技術のできごとへと還元されてゆく。その結果、問題の本質がそこにあるばかりではなく、その解決方法すら科学技術のなかにあると言いはるからである。

　モダンライフの表象体系、それはイデオロギー装置である。なぜなら、二〇世紀の暮らしの根幹をなすものであるとして

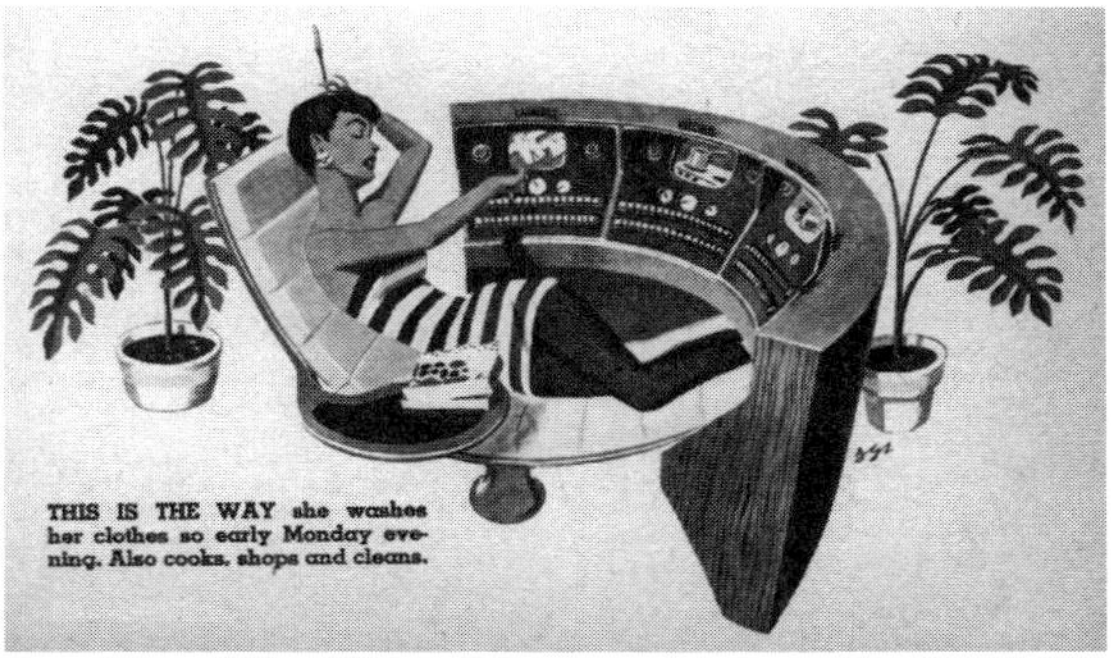

【図76】未来の台所仕事。中央制御盤のスイッチひとつで家事のすべてを一括コントロールする。ポピュラー系科学雑誌の未来予測では、白物家電の哲理はますます「モダンさ」を昂進させてゆく。

もちだされてくるものの内実が、あらかたブラックボックスだからである。確かに知ってはいる、しかし、詳しく説明してみろといわれると困ってしまう。なるほど直観的には首肯しうる、しかし、理論的に解説してみろといわれると難しい。たとえば科学がそれであり、たとえば家族制度がそれであり、たとえば快適さというできごとがそれである。なにも、ナチスのように暗黒のイデオロギーばかりとは限らない、明るく快適なモダンライフというイデオロギーとて同じことだ。ひとびとのかけがえのない「他ならぬわたし」という個別性を、「規範化されたわたし」という類概念に置き換えることで、これまた規範化された寓話のなかに回収する。そんな構造は、ドイツも米国も変わらないからである。

そして、モダンライフの表象体系は近代システムそのものである。なんらかひとつの暮らし向きが理想であるとされる。理想の母親、理想の父親、理想の子供たち、理想の家庭。なんでもよい。その理想が規範とされる。あなたなら目指せるとされ、目指せるものなのだから、目指さねばならぬとされる。次に、規範に到達するために訓育される。こうするものなのですよと諭されるのである。表面をなでてごらんなさい。これが、細菌の滞留を防ぐという手立てなのですよ。折りたたみ式食品棚をはねあげてごらんなさい。これが、牛乳瓶を効率よく冷蔵庫に入れるということなのですよ。こうして訓育されてゆく。そして、規範に到達できないとなると制裁が加えられる。「最新型の冷蔵庫を手に入れられないなんて、なんとわたしは不幸なの」。そんな、いわれのない敗北感に襲われる。しかし、それだけでは終わらない。いわれがあろうとなかろうと、敗北したままで放っておいてくれはしない。新たな規範が提示され、ふたたび訓育プログラムが課せられ、「二度とふたたび制裁が加えられないようにしましょう」と励まされ、駆りたてられる。そして、目ざすべき規範に到達するまで、この行程は円環構造を描いて、いつ果てるともなくつづいてゆく。

そして、とりわけ電気冷蔵庫に代表される白物家電において、規範に到達しなかったときに課される制裁のなかでも、もっとも苛酷だったのは、文化的階級闘争に負けたという敗北感だった。つまり、審美的価値を競う戦いに負けたという思いである。世は資本主義を社会の中心原理とした米国市民社会である。まずは、経済的勝ちぬき闘争に負けるのがきつい。しかし、一九二〇年代以降、もっとも大きな社会集団となった中流階級の市民たち、とどのつまりはサラリーマン階層にとり、経済的敗北というのは、かつてほど見えにくくなっていた。明らかに経済的に敗北した者たちは、そもそもサラリーマン階層に帰属できないからだ。サラリーマンたち、つまりは二〇世紀大衆の原像たる中流階級のひとびとは、そこそこの経済的勝利をあげた社会集団だった。もちろん、そんなに大勝ちはしていない。しかし、だからといって大負けもしていない。いかにも中途半端といえば、なるほど中途半端といえなくもない。しかし、堅実で、安定して、平穏な暮らしぶりを手にした社会集団だった。いわゆる羊たちの群である。

そうした羊たちの群では、右を見ても左を見ても、おおむね似たような羊しか目に入らない。ほぼ似たような暮らしぶりしか見えてこない。彼らの間に、極端に大きな差は存在しなかった。だからこそ却って、差のないところに差を見つけなくてはならない。わたしと彼らとは違うのだ。そう思わずにはいられない。なぜなら、そこにいかなる差異も見つけられないとしたら、わたしは、大衆という羊の群の匿名性のなかに埋没することになる。そんなことは耐えられない。かつて近代初期、大衆がひとつの社会集団として登場してきたとき、貴族や一部の特権階級は大衆をさげすんだ。大衆の匿名性を軽蔑し、羊の群をみくだした。しかし一九二〇年代、大衆の匿名性をさげすんだのは、他ならぬ大衆そのひとだったのである。

一九二〇年代、大衆の時代において、卓越化の表象システムが起動してきたのは、まさに、大衆が、おのれがもつ匿名性をみずからさげすみ、恐れたからである。実質的階級差が、もはや、わたしと彼らとを差異化するシステムとしての実効性を失った。正確にいえば、見えにくくなった。そこで差異化システムとして新たに実効性をもつようになったのが、もっぱら審美的価値基準でもって、彼我の違いを鮮明に弁別する表象システムだった。それが卓越化である。キーワードは「わたしの趣味は良い」、「わたしは良い趣味をもっている」。「だから、彼らとは違う」。これである。そして、目の前に差し出されたのは、清潔で、便利で、合理的で、なによりすてきな「わたしの家庭」という偶像、すなわちモダンライフという偶像だった。

これまで、台所の冷気戦争に参戦した道具たちを見てきた。古くは天然氷を使った冷蔵函にはじまり、人工氷を使う冷蔵函、製氷装置を外付けする冷蔵函。やがて、製氷装置内蔵式冷蔵庫が生まれ、全自動電気冷蔵庫も登場してきた。しかし、そのいずれもが、とりわけ一九二〇年代あたりから、その白い表面をめぐって、白い神話を仕掛けてくるようになった。琺瑯加工の白い表面、琺瑯引きをした鋳塊鉄《インゴット》、白く光り輝くニッケル合金などなど。さまざまな素材が登場してきたが、くりかえし表面の質感が強調され、謳いあげられた。それら新素材の実用価値もさることながら、それ以上に、白く光り輝く表面という審美的できごとが、審美的に受けとられるように仕掛けられてきた。それもこれも、白い表層の審美的価値こそが、卓越化という表象システムの中心たりえたからである。実利的階級闘争が見えにくくなった時代、審美的階級闘争が起動してきたとき、その光り輝く白い表面は、確かに、なるほど美しかったからである。

白物家電の神話、それは、他ならぬ羊たちの群を、白い表層をめぐる文化的階級闘争に巻きこむための仕掛けだったのである。「モダンライフは趣味が良く、すてきなものだ。そして、わたしの趣味は良い」【図77】。これこそ、階級闘争なき時代の審美的階級闘争のスローガンだったのだ。誰が仕掛けたのかは、もはや分からない。そもそも仕掛け人と特定できる人物なり、集団なりがあったとも思われない。気がつけば、それまでにあったさまざまな表象の系譜のもつれあいのなかから、白い神話はすがたをあらわしていた。そして、いつしか時代は審美的価値をあらそう、そんな段階に突入していたのだ。一九二〇年代のことだ。それは、いわば社会的無意識とでも言う他ないようなほど、広範に、深く、社会のすみずみにまで浸透していっていた表象の枠組みだった。時代は、すっぽりとモダンライフ神話に包まれていたのである。だから、仕掛け人といえば、そうした事態を批判的に認識していない者であれば、誰もが仕掛け人の役割を担ってしまうことにな

【図77】無償の愛にあふれた快適で幸福なわが家。20世紀モダンライフ神話は白物家電の白い神話と増幅しあい、階級闘争なき文化的階級闘争の時代、卓越化の表象システムとしてますます洗練されてゆく。

る。なにも、企業や広告代理店の宣伝マンだけが仕掛け人ではないのだ。その神話に思わず引きこまれ、ついつい冷蔵庫の白い表面を指でなぞり、「なるほどそうね、綺麗だわ」とつぶやいたモダンな主婦も、白い神話メッセージの受信者であり、いつしか媒介者《メディア》になってゆくのである。

モダンライフ神話は、二〇世紀最大の神話のひとつである。それは、さまざまな表象の系譜が、網の目のように絡まりあっている表象体系だ。そして、数ある系譜の中でも、白物家電の表面が仕掛けた「白い表面」神話は、このモダンライフ神話を支えた、もっとも重要で、もっとも効果的で、そして、もっとも罪深い神話体系であった。なぜもっとも重要かといえば、そこには、すべての近代科学をめぐる神話表象が混入しているからだ。なぜもっとも効果的かといえば、そこにある白い表面は、なるほど美しいからだ。そして、なぜもっとも罪深いかといえば、そのみごとな美しさゆえに、白い神話というきわめて酷薄な表象体系に囚われてしまったことを、羊たちに忘れさせてしまうからである。

というのも、神話がもっともその力を示すのは、ひとびとが、それを神話であると気がつかないときだからであり、イデオロギー装置が、もっともそのイデオロギー効果を発揮するのは、ひとびとが、それをイデオロギーと見抜けないときだからである。

美しい表層、それは罪である。

おわりに

白物家電神話と白いモダンライフ神話の系譜を追ってきた。

二〇世紀都市型大衆の暮らしが、それまでになかったライフスタイルとしてすがたをあらわす。そのようすを描いてきた。とりわけ、快適さと効率化の名のもと、新型冷蔵庫がつぎつぎと喧伝されてくる。そんなメディア表象環境において、ひとびとはときに翻弄され、ときに束の間の幸福感を感じ、ときにいわれのない敗北感を感じる。そんなすがたを追ってきた。いわば、一九二〇年代から三〇年代にかけてのモダンライフの誕生記。なぜなら、その時代にこそ、二〇世紀型ライフスタイルの苦悩のはじまりがあるからだ。そして、それは今日わたしたちの苦悩でもある。黎明期にあった苦悩を浮かびあがらせることによって、そこから、今日わたしたちの置かれている状況に、なんらか一本の光をあてる。それが本書の狙いであった。これが成功したかどうかは、読者の判断にゆだねるしかない。

本来、筆者の関心は、科学啓蒙雑誌《ポピュラー・サイエンス・マガジン》の「語り口」を読み解くことにある。正確な科学知識といえども、一般読者に伝達される際に、市民的欲望とか進歩主義的未来像とか、本来科学知識そのものとは関係ないはずの表象ノイズが混入してくる。それは、いわば神話的語り口とでも言うほかないようなメカニズムであり、したがって、二〇世紀とは科学の時代というよりも、むしろ「科学神話の時代」といった方が適切なほどである。そうした事態の根深さを掘りおこすこと。これが最近の関心事だった。

今回、白物家電わけても冷蔵庫という切り口で書くことになった。それは、かれこれ一〇年近く研究室にこもり、日米独の科学啓蒙雑誌を創刊号から渉猟してゆくうちに、いかに低温保存の道具についての記事が多いかに驚かされたからである。氷室やクーラーボックスにはじまり、本書で取りあげた天然氷を使う冷蔵函や外付け式ハイブリッド冷蔵庫は言うに及ばず、電気冷蔵庫や全自動霜取り装置、はては冷凍装置から製氷器まで、あげてゆけばきりがない。その膨大な情報量には、言葉を失うくらいである。それと同時に他方で、人間工学や省力化装置の開発研究の系譜も、これまた連綿としてつづいている。そして、この両者は、ときに密接に絡まりあい、ときに緊張関係を保ちながらつねに併走してくる。そうした見取り図に気づかされたからである。そうしたきっかけから書き上げたのが本書である。

そもそも、二〇世紀における「電気イメージ」を分析するという企画は、数年前から温めていた。そして、二〇一一年の夏休みに執筆する予定だった。そんな折り起きたのが、東日本大震災と福島原発事故だった。

核エネルギーについては、これまでにも、表象文化論の立場から書いてきていた。このテーマについては、これまた、数年前に別の企画で刊行予定も立っている。しかし今回、いかなるめぐりあわせか、この時期に本書を刊行する運びとなった。表向きのテーマは白物家電の分析であるが、しかし、それを通して最終的にあぶりださなくてはならないのは、モダンライフというものが、およそ「電力供給」というできごとなしには立ちゆかないという現代の構図である。その構図の内部においてしか、わたしたちのモダンライフなるものが維持できないというできごとだ。

もちろん、だからといって、そうした構図を受苦的にすべて是認するわけにはゆかない。なぜなら、核エネルギーの表象体系も、モダンライフの表象体系も、ともに「二〇世紀の神話」だからだ。実践的な打開策はさまざまあるだろう。しかし、どのような道をこれから選びとるにしても、まずは、それらが神話にすぎないということを明確に見抜かなければはじまらない。本書が、いくばくかなりともその一助になれば、望外の喜びである。

今回、はからずも息子・哲也の世話になった。電気窃盗のくだりで、筆者が法律用語に四苦八苦していた折り、無関心をよそおいながら、それとなく専門知識を教示してくれた。礼を言わなくてはならぬ。本人はクールを崩さぬだろうが。

心から感謝しなくてはならない方がいる。紀伊國屋書店の鳥本泰造氏である。コンビを組んで、かれこれ一〇年近くなる。鳥本氏は、『ポピュラー・サイエンス』や『ポピュラー・メカニクス』など、米国ポピュラー系科学雑誌のコンプリートな収集に全力で当たってくださった。氏が米国の古書市場にこれまで張りめぐらしてきたネットワークを駆使して、全米各地の古書店から、貴重な資料をつぎつぎと掘り起こしてくださったのだ。ときにボストンの老舗古書店から、ときにテキサスの片田舎の古本屋から、週に一回あるいは二回、氏が重い古書の束を筆者の研究室に運んでくれるのは、もはや定期便となって久しい。本書が上梓できたのも、鳥本氏のプロフェッショナルな助力があったればこそである。この場を借りて、心よりお礼を申し上げる。

もうひとり衷心より感謝しなくてはならない方がいる。青土社編集部の菱沼達也氏である。拙著『身体補完計画』を担当してくれた編集者でもある。今回もお手を煩わせることとなった。青土社といえば、筆者にとっては学生時代からつねにひとつの指針であった。難解でも世に問うべき書物は世に問う。そうした方針が心強かったからだ。菱沼氏は年若くいながら、まさに青土社の哲理を体現した編集者である。氏のご好意がなければ本書は上梓できなかったろう。心から感謝する所以である。

二〇一一年一二月二四日

原　克

図版出典一覧

【図01】 Hermann Glaser / Norbert Neudecker : Die deutsche Eisenbahn. München 1984
【図02】 Berliner Kraft- und Licht (Bewag)-Aktiengesellschaft : 100 Jahre Strom für Berlin. Berlin 1984
【図03】 Renate Genth / Joseph Hoppe : Telephon. Brelin 1986
【図04】 Ernst Keil (hg.) : Die Gartenlaube. Berlin 1893
【図05】 Tilmann Buddensieg / Henning Rogge : Industriekultur. Peter Behrens und die AEG. Berlin 1981
【図06】 同上
【図07】 Tatler. 1908 10. June
【図08】 Good Housekeeping. 1927 February
【図09】 Woman's Home Companion. 1954 May
【図10】 Berliner Kraft- und Licht (Bewag)-Aktiengesellschaft : 100 Jahre Strom für Berlin. Berlin 1984
【図11】 Scientific American. 1906 28. April
【図12】 同上
【図13】 Illustrated World. 1916 May
【図14】 Good Housekeeping. 1931 November
【図15】 Good Housekeeping. 1931 October
【図16】 Good Housekeeping. 1925 June
【図17】 Science and Invention. 1930 June
【図18】 Leonard de Vries : Tolle Erfindungen des 19. Jahrhunderts. Oldenburg und Hamburg 1975
【図19】 Woman's Home Companion. 1931 March
【図20】 同上
【図21】 Popular Science. 1916 December
【図22】 Popular Science. 1926 October
【図23】 Popular Mechanics. 1917 February
【図24】 科学知識. 1931年11月号
【図25】 Westinghouse International. 1921 January
【図26】 Popular Science. 1921 August
【図27】 Scientific American. 1905 10. June
【図28】 Good Housekeeping. 1925 July
【図29】 Popular Mechanics. 1912 August
【図30】 Popular Science. 1926 January
【図31】 Popular Mechanics. 1925 August
【図32】 Good Housekeeping. 1925 July
【図33】 Good Housekeeping. 1926 August
【図34】 Woman's Home Companion. 1954 November
【図35】 Good Housekeeping. 1925 June
【図36】 Good Housekeeping. 1925 February
【図37】 Popular Science. 1923 June

【図38】 Woman's Home Companion. 1908 March
【図39】 Woman's Home Companion. 1922 June
【図40】 Good Housekeeping. 1925 February
【図41】 同上
【図42】 同上
【図43】 Popular Science. 1940 February
【図44】 Woman's Home Companion. 1927 August
【図45】 Woman's Home Companion. 1931 August
【図46】 Good Housekeeping. 1934 September
【図47】 Woman's Home Companion. 1935 February
【図48】 Good Housekeeping. 1940 April
【図49】 Leo Langstein / Fritz Rott: Atlas der Hygiene des Kindes. Berlin 1926
【図50】 Zeller & Co., Berlin ohne Jahr.
【図51】 Good Housekeeping. 1925 February
【図52】 Good Housekeeping. 1928 February
【図53】 Zentralverband der Konsumvereine : Konsumgenossenschaftliches Volksblatt. Hamburg 1933 Mitte Februar
【図54】 Good Housekeeping. 1931 October
【図55】 Eschebach-Werke: Eschebach Eisschränke. Dresden 1938
【図56】 Berliner Kraft-und Licht (Bewag)-Aktiengesellschaft : Der Eskimo Nakuri lacht. Berlin ohne Jahr.
【図57】 Good Housekeeping. 1933 April
【図58】 Good Housekeeping. 1926 September
【図59】 Good Housekeeping. 1923 November
【図60】 Better Homes & Gardens. 1941 June
【図61】 同上
【図62】 Popular Science. 1939 October
【図63】 Good Housekeeping. 1933 September
【図64】 Good Housekeeping. 1931 January
【図65】 Better Homes & Gardens. 1943 May
【図66】 Woman's Home Companion. 1935 March
【図67】 同上
【図68】 Mechanix Illustrated. 1939 July
【図69】 Popular Science. 1939 June
【図70】 Woman's Home Companion. 1935 March
【図71】 Popular Science. 1940 August
【図72】 Berliner Hausfrau. Hackebeils Praktisches Wochenblatt für alle Hausfrauen. 1927
【図73】 Anschläge. Politische Plakate in Deutschland 1900-1970. Frankfurt. Wien. Zürich. 1972
【図74】 Robert Bosch : Kühlen....und gesund bleiben! Berlin ohne Jahr.
【図75】 同上
【図76】 Mechanix Illustrated. 1959 August
【図77】 Better Homes & Gardens. 1955 May

原　克（はら・かつみ）

早稲田大学教育学部教授。1954年、長野県生まれ。立教大学大学院文学研究科ドイツ文学専攻博士課程中退。神戸大学国際文化学部、立教大学文学部を経て現職。1985～87年、ボーフム・ルール大学客員研究員。2001～2002年、ベルリン・フンボルト大学客員研究員。専門は表象文化論、ドイツ文学。
著書に、『サラリーマン誕生物語』（講談社、2011年）、『身体補完計画』（青土社、2010年）、『気分はサイボーグ』（角川学芸出版、2010年）、『美女と機械』（河出書房新社、2010年）、『アップルパイ神話の時代』（岩波書店、2009年）、『流線形シンドローム』（紀伊國屋書店、2008年）、『暮らしのテクノロジー』（大修館書店、2007年）、『ポピュラーサイエンスの時代』（柏書房、2006年）、『悪魔の発明と大衆操作』（集英社新書、2003年）、『死体の解釈学』（廣済堂ライブラリー、2001年）、『モノの都市論』（大修館書店、2000年）、『書物の図像学』（三元社、1993年）、『図説 20世紀テクノロジーと大衆文化 2』（柏書房、2011年）、『図説 20世紀テクノロジーと大衆文化』（柏書房、2009年）。

白物家電の神話
モダンライフの表象文化論

2012年3月23日 第1刷印刷
2012年3月30日 第1刷発行

著　者　原　克

発行人　清水一人
発行所　青土社
東京都千代田区神田神保町 1-29 〒 101-0051
電話 03-3291-9831（編集）03-3294-7829（営業）
振替　00190-7-192955

印刷所　ディグ（本文）
方英社（カバー・表紙・扉）
製　本　小泉製本

本文デザイン　高橋 潤

装　丁　松田行正＋杉本聖士

ISBN978-4-7917-6646-8 C0030